全国主推高效水产养殖技术丛书

全国水产技术推广总站　组编

鲈鱼高效养殖致富技术与实例

王广军　主编

中国农业出版社

图书在版编目（CIP）数据

鲈鱼高效养殖致富技术与实例/王广军主编．—北京：中国农业出版社，2015.5（2024.3 重印）
（全国主推高效水产养殖技术丛书）
ISBN 978-7-109-20296-2

Ⅰ.①鲈…　Ⅱ.①王…　Ⅲ.①鲈形目—鱼类养殖　Ⅳ.①S965.211

中国版本图书馆 CIP 数据核字（2015）第 056625 号

中国农业出版社出版
（北京市朝阳区麦子店街 18 号楼）
（邮政编码 100125）
责任编辑　武旭峰

中农印务有限公司印刷　　新华书店北京发行所发行
2016 年 5 月第 1 版　　2024 年 3 月北京第 7 次印刷

开本：880mm×1230mm 1/32　　印张：6.125　　插页：8
字数：155 千字
定价：35.00 元

丛书编委会

本书编委会

主　编　王广军　中国水产科学研究院珠江水产研究所

副主编　李胜杰　中国水产科学研究院珠江水产研究所

余德光　中国水产科学研究院珠江水产研究所

钟金香　广东省海洋与渔业技术推广总站

编　委（按姓氏拼音排列）

白俊杰　中国水产科学研究院珠江水产研究所

蔡云川　广东省海洋与渔业技术推广总站

陈鹏飞　中国水产科学研究院珠江水产研究所

陈永乐　中国水产科学研究院珠江水产研究所

韩林强　佛山市南海百容水产良种有限公司

胡光安　中国水产科学研究院珠江水产研究所

胡　婕　中国水产科学研究院珠江水产研究所

李　苗　全国水产技术推广总站

李胜杰　中国水产科学研究院珠江水产研究所

李志斐　中国水产科学研究院珠江水产研究所

骆明飞　珠海市现代农业发展中心

庞世勋　中国水产科学研究院珠江水产研究所

谭　婧　广东省佛山市顺德区龙江镇左滩梭鲈繁育基地

王广军　中国水产科学研究院珠江水产研究所

吴郁丽　广东省海洋与渔业技术推广总站

于培松　广东省海洋与渔业技术推广总站

余德光　中国水产科学研究院珠江水产研究所

钟金香　广东省海洋与渔业技术推广总站

丛书序

我国经济社会发展进入新的阶段，农业发展的内外环境正在发生深刻变化，加快建设现代农业的要求更为迫切。《中华人民共和国国民经济和社会发展第十三个五年规划纲要》指出，农业是全面建成小康社会和实现现代化的基础，必须加快转变农业发展方式。

渔业是我国现代农业的重要组成部分。近年来，渔业经济较快发展，渔民持续增收，为保障我国“粮食安全”、繁荣农村经济社会发展做出重要贡献。但受传统发展方式影响，我国渔业尤其是水产养殖业的发展也面临严峻挑战。因此，我们必须主动适应新常态，大力推进水产养殖业转变发展方式、调整养殖结构，注重科技创新，实现转型升级，走产出高效、产品安全、资源节约、环境友好的现代渔业发展道路。

科技创新对实现渔业发展转方式、调结构具有重要支撑作用。优秀渔业科技图书的出版可促进新技术、新成果的快速转化，为我国现代渔业建设提供智力支持。因此，为加快推进我国现代渔业建设进程，落实国家“科技兴渔”的大政方针，推广普及水产养殖先进技术成果，更好地服务于我国的水产事业，在农业部渔业渔政管理局的指导和支持下，全国水产技术推广总站、中国农业出版社等单位基于自身历史使命和社会责任，经过认真调研，组建了由院士领衔的高水平编委会，邀请全国水产技术推广系统的科技人员编写了这套《全国主推高效水产养殖技术丛书》。

这套丛书基本涵盖了当前国家水产养殖主导品种和主推

技术，着重介绍节水减排、集约高效、种养结合、立体生态等标准化健康养殖技术、模式。其中，淡水系列14册，海水系列8册，丛书具有以下四大特色：

技术先进，权威性强。丛书着重介绍国家主推的高效、先进水产养殖技术，并请院士专家对内容把关，确保内容科学权威。

图文并茂，实用性强。丛书作者均为一线科技推广人员，实践经验丰富，真正做到了"把书写在池塘里、大海上"，并辅以大量原创图片，确保图书通俗实用。

以案说法，适用面广。丛书在介绍共性知识的同时，精选了各养殖品种在全国各地的成功案例，可满足不同地区养殖人员的差异化需求。

产销兼顾，致富为本。丛书不但介绍了先进养殖技术，更重要的是总结了全国各地的营销经验，为养殖业者更好地实现科学养殖和经营致富提供了借鉴。

希望这套丛书的出版能为提高渔民科学文化素质，加快渔业科技成果向现实生产力的转变，改善渔民民生发挥积极作用；为加强渔业资源养护和生态环境保护起到促进作用；为进一步加快转变渔业发展方式，调整优化产业结构，推动渔业转型升级，促进经济社会发展做出应有贡献。

本套丛书可供全国水产养殖业者参考，也可作为国家精准扶贫职业教育培训和基层水产技术推广人员培训的教材。

谨此，对本套丛书的顺利出版表示衷心的祝贺！

农业部副部长 于康震

前言

鲈鱼是对部分鲈形目鱼类的统称，其中，国内产业规模最大的鲈鱼是加州鲈，学名大口黑鲈。加州鲈原产于北美洲的湖泊与河流，是当地重要的游钓鱼类，于1983年被引入我国大陆，因其具有适应性强、生长快、易起捕、养殖周期短、适温范围较广等优点，被推广到全国各地养殖，现已成为我国重要的淡水养殖品种之一，年总产量超过20万吨。

梭鲈原分布于咸海、黑海、里海以及波罗的海各水系的河流、湖泊，在我国自然分布于新疆伊犁河水系和额尔齐斯河水系，具有生长快、耐盐碱、病害少以及肉味鲜美、无肌间刺等特点。梭鲈为冷水性鱼类，喜生活在水质清新、水体透明度和溶氧量高，并具有微流水的环境中，水体pH要求在7.4～8.2。目前梭鲈在山东、河北、广东等地均有养殖。

海鲈又称花鲈、七星鲈等，主要喜栖息于河口咸淡水水域，也能生活于淡水。性凶猛，以鱼、虾为食。最大可长至25千克，一般为1.5～2.5千克。因海鲈具有广温性、广盐性、生长快、肉质细嫩、适合于各种形式的养殖等优点，已成为当今海水鱼类养殖的主要品种之一。

本书对我国主要养殖的加州鲈、梭鲈和海鲈的生物学特性、人工繁殖、苗种培育、成鱼养殖、病害防治、捕捞运输等技术方法进行了介绍，并选取了全国各地典型的养殖、营销案例加以分析，同时配以大量的图片，实用性强，可供广大养殖户和相关技术人员参考。其中，第一部分由李胜杰等同志编写，第二部分由王广军等同志编写，第三部分由余德光等同志编写。

由于编者能力有限，书中不足之处，敬请广大读者批评指正。

编　者

2016 年 3 月

目录

第二部分　梭　鲈

第三部分　海　鲈

第一部分　加 州 鲈

第一章　加州鲈养殖概述和市场前景

第一节　加州鲈养殖生产发展历程

加州鲈，学名大口黑鲈（*Micropterus salmoides*），在分类学上隶属于鲈形目，太阳鱼科，黑鲈属。加州鲈原产于美国加利福尼亚州密西西比河水域，是一种肉味鲜美、抗病力强、生长迅速、易起捕、适温较广的名贵肉食性鱼类。20 世纪 70 年代末我国台湾从国外引进加州鲈，并于 1983 年获得人工繁殖成功，同年从我国台湾引入广东的深圳、惠阳、佛山等地，并于 1985 年相继人工繁殖成功。因为加州鲈具有上述优点，被广泛推广到全国各地养殖，目前已成为我国主要的淡水养殖品种之一。加州鲈刚引入进行养殖的时候，由于其未适应当地养殖环境，养殖生产中经常出现问题，养殖规模小，产业化技术水平低。20 世纪 80 年代末，广东不少地方用池塘专养，每 667 $米^2$ 产量仅为 300～400 千克，主要投喂海水低值鱼类，饲料系数一般为 7.5～8.0。经过 10 多年的养殖后，加州鲈养殖技术取得了显著进步，加之物流运输技术的突破，加州鲈养殖产业取得了快速发展。广东地区加州鲈平均每 667 $米^2$ 产量为 2 500～3 000 千克，饲料系数降低为 4.0～4.5，而且使用人工配合饲料养殖也取得了突破，部分养殖业者在加州鲈养殖前期都采用配合饲料投喂。加州鲈肉质好，没有肌间刺，适合冷藏和初级加工、精深加工。近年来，加州鲈养殖产量呈现明显的上升趋势，市场前景看好，产业发展潜力和空间大。

第二节 加州鲈养殖现状和市场前景

一、我国加州鲈养殖产业现状

加州鲈养殖经过 30 余年的发展，其养殖业已形成产业规模，产业分工也根据市场需求进行了明确划分，有专门提供鱼苗的专业村，有专门进行连片养殖的专业村，有较具规模的加州鲈流通企业，产业中各个环节的分工已经比较明显，整个养殖技术水平也达到较高的水准。目前全国大多数省份都有加州鲈养殖，年总产量达 30 万余吨。由于加州鲈养殖技术的不断进步和完善，鲜活商品鱼长途运输技术的突破与改进，消费市场的扩大与繁荣，加州鲈养殖产业一直处于稳步发展。据《中国渔业年鉴》统计，2003—2013 年，加州鲈产量稳定上升，2003 年产量为 12 万吨左右，2013 年已增长为 34 万吨，11 年内总产量增长约 1.8 倍（图 1-1-1）。加州鲈主要养殖区是广东省佛山市、江苏省苏州市、浙江省湖州市和江西省九江市，在湖南省和四川省等其他地方也有一定的养殖规模。据《中国渔业年鉴》报道，2013 年产量居首的是广东省，养殖面积 4 660余公顷，年产量为 23 万吨，其次是江苏省，池塘养殖面积约 2 000公顷，围网和网箱养殖面积约2 000公顷，年产量为 3.5 万吨，再次是江西省和浙江省。

我国大部分地区的加州鲈是以池塘单养为主，池塘面积为 3 335～6 670 米^2，水深 1.5～3.5 米，其中珠江三角洲地区精养池塘每 667 米^2 产量为2 000～3 000千克，江苏、浙江地区精养池塘每 667 米^2 产量为1 000千克左右；其次是网箱主养，网箱一般采用聚乙烯线编织而成，体积一般为 40～75 米^3。有些地区采用加州鲈与“四大家鱼”、罗非鱼、胭脂鱼、黄颡鱼、鲫等成鱼进行混养，一般每 667 米^2 池塘放养 5～10 厘米的加州鲈鱼种 200～300 尾，不用另投饲料，年底可收获达上市规格的加州鲈。珠江三角洲地区的加州鲈成鱼养殖通常在 4 月放苗，10 月以后当鱼长到 400 克以后即可分批收获，一般到翌年 4 月经过 2～3 批收获即可将鱼收完。

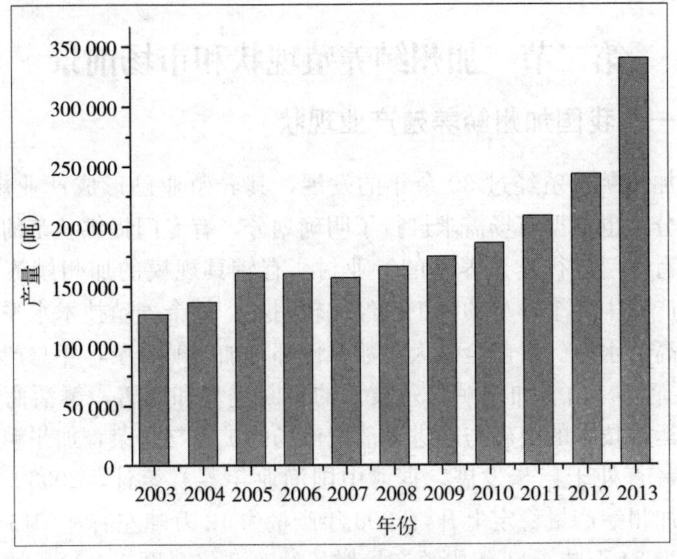

图 1-1-1　2003—2013 年全国加州鲈产量

在江苏、浙江地区一般 5 月放苗，年底可收获一部分，其余到翌年的上半年陆续收获上市。

二、存在的主要问题

随着加州鲈养殖技术的提升以及运输和销售模式的转变，使得加州鲈养殖经济效益不断提高，促进了养殖产业的稳定发展。但加州鲈产业繁荣发展的同时也存在许多问题，影响到产业的健康和可持续发展，具体表现为以下 5 个方面。

1. 种质问题

目前我国养殖的加州鲈主要还是由野生种家养驯化而成的，研究结果显示，国内养殖的加州鲈在分类地位上属于加州鲈北方亚种，但其遗传多样性只有美国野生群体的 70%左右。由于当初引进时的奠基种群太小，加上引种 30 年来不注重亲本留种的操作规程，甚至有的苗种场为了生产上的方便，将当年卖剩的鱼作为亲本进行繁殖，致使加州鲈种质的质量有所下降，表现为生长速度下降、性成熟提前、病害增多等，已严重制约了我国加州鲈养殖业稳定、健康和可持续发展。

2. 人工配合饲料问题

除了套养外，池塘养殖和网箱养殖的加州鲈主要还是采用冰鲜小杂鱼作为主要饲料，这些饵料鱼大部分是从海洋捕捞来的。由于海洋捕捞的量有限，目前获得的小杂鱼已很难满足日益增长的水产养殖的需要，导致冰鲜小杂鱼的价格不断攀升，由十几年前的1元/千克涨到现在3～5元/千克，增加了加州鲈的养殖成本。另一方面，冰鲜鱼，尤其是不新鲜的冰鲜鱼易带菌，容易传染给加州鲈。投喂冰鲜鱼的养殖模式，工人的工作量增大，养殖的环境卫生条件也受到影响，这使得加州鲈工厂化养殖和无公害水产品的生产受到严重制约。自20世纪90年代开始，很多业内人士就已经看到了加州鲈产量逐年增长所带来的饲料市场空间，相关的研究机构和饲料企业都投入了大量资金和精力进行加州鲈饲料的开发，试图攻克这一难关，目前也取得一定的进展。如广东和上海的水产饲料厂生产的加州鲈饲料，经试用当年可长到400～500克，每667米^{2}产量稍低于采用冰鲜鱼投喂的，但基本可以满足生产要求。在四川、湖南等地用人工饲料养殖的加州鲈，虽然要到翌年才能上市，基本也能达到生产的需要。但在珠江三角洲的养殖户普遍反映用人工配合饲料的成本通常比较高，用于早期的养殖还可以，待鱼长到200克以后，特别是7—8月的高温期养殖的效果就不理想了。用配合饲料饲养的加州鲈，身体肥大，体型不好看，肝脏易发生病变，产生所谓的“脂肪肝”。总体来说，加州鲈人工配合饲料还处在探索阶段，推广的效果还不是很理想。

3. 养殖病害问题

长期以来，加州鲈的养殖者为了追求产量和效益，养殖密度不断提高，加上加州鲈的种质退化，导致病害频发。目前加州鲈养殖过程中常见病有十几种，包括寄生虫、病毒病和细菌病，也有多种病原综合发病现象。有些病，如溃疡病和病毒病给养殖者带来了巨大的经济损失。随之而来的是药物滥用现象较为普遍，水产品质量安全得不到有效保障，给产业的可持续发展带来严重影响。

4. 缺乏产业化经营

虽然我国加州鲈养殖年生产量达30万余吨，规模已经不小，但由于采用冰鲜鱼喂养的模式劳动量大，加上投入的资金比较大，如1口6 670米^{2}的鱼塘每年生产25吨鱼，要投入30万～40万元，导致养殖户的养殖面积一般只有6 670米^{2}左右，很少见到有几十公顷的加州鲈养殖专业户或农场。由于没有实行企业化运作，且只限于加州鲈的养殖，产业链短，发展水平低下，养殖户往往是今年鱼价好，明年养殖加州鲈的人就增加，若今年鱼价不好，翌年就会纷纷改养其他品种，致使加州鲈商品鱼的价格每年都在波动。在这种情况下，如何保持加州鲈产业的可持续发展和产业化经营是加州鲈产业稳定向前发展的关键。

5. 缺乏品牌意识

近年来，加州鲈在珠江三角洲地区的收购价一直徘徊在18～30元/千克，随着饲料、塘租和人工的增加，利润空间已越来越小，养殖户不得不以提高产量来保证应有的利润，每667米^{2}的养殖产量也不断被刷新，当年每667米^{2}产量在3～4吨已不足为奇。但高密度和高产量并不一定能给养殖户带来更高的利润，价格的波动、病害的高发和药物的滥用往往伴随着更高的风险。在发展产业化经营的基础上，由片面追求高产转化到质量优先、保证安全，打造加州鲈品牌是解决目前加州鲈产业出路的方法之一。

三、产业发展方向

1. 良种培育与推广

2005年，中国水产科学研究院珠江水产研究所与广东省佛山市南海区九江镇农林服务中心合作，在国家科技支撑计划等项目的资助下开展了加州鲈“优鲈1号”的良种选育工作，至2010年已选育到第五代，其生长速度提高了20%左右，畸形率也由原来的5%降低到1%。该品种于2010年通过了全国水产原种和良种审定委员会的审定。近年来，“优鲈1号”在广东、江苏、天津、湖南和四川等地区推广取得很好的效果，每年生产和推广的“优鲈1号”苗种在8亿尾左右，但在推广中还存在着一些问题。如目前加州鲈的苗种生产主要还是集中在小繁殖场，至今还没有加州鲈国家级和省级良种场，“优鲈1号”种苗生产主要靠良种培育单位中国水产科学研究院珠江水产研究所的示范场和示范基地进行，良种生产能力有限，远不能满足苗种繁育场的需要。

2. 人工配合饲料开发与推广应用

针对人工配合饲料配方的改进与完善，需加强对加州鲈营养需求的研究，从饲料蛋白质源、脂肪源及糖源利用率等方面深入探讨，开发适合市场需要的配合饲料。另一方面，从遗传育种的角度出发，基于加州鲈个体对人工配合饲料的适应性差异很大，可考虑选育出适合摄食人工配合饲料的加州鲈养殖品系或品种，再结合饲料配方和工艺的改进，建立新的加州鲈养殖模式。

3. 病害生态防治技术

针对加州鲈养殖过程中的病害频发及药物滥用，建议养殖者采用合理的养殖密度，多采用以微生态制剂为主的生态防治技术，减少化学药物的使用。此外，政府需加大对加州鲈病害研究项目的扶持力度，建立病害的快速检测技术，加快加州鲈疾病相关疫苗的研发，特别是病毒性疾病疫苗的开发和应用。

4. 探索实施产业化经营模式

以市场为导向，以流通企业、加工企业或大型养殖企业为依托，以广大养殖户为基础，以科技服务为手段，通过把加州鲈生产过程的产前、产中、产后等环节联结为一个完整的产业系统，建立“公司＋农户”模式，由公司繁殖良种统一提供种苗给养殖户；建造储藏冰鲜杂鱼的冷库配送饲料给养殖户或统一生产配合饲料提供给养殖户；为养殖户提供先进的养殖技术和市场咨询。同时，要求养殖户要规范养殖，避免滥用药物等。养成的商品鱼再由公司统一回收销售，公司甚至可以与养殖户协议最低的收购价，在商品鱼收获之前给予养殖户一定数量的苗种、饲料或渔药的赊欠。这样不仅能产生集种苗、养殖、加工、物流、销售各环节“产、供、销”一体化的综合型企业，而且能提高产品的附加值。大型企业更接近消费市场，不仅拥有较多的市场资源和信息，而且他们对产业有着较深入的观察和思考，往往能带动整个行业朝着更高的目标前进。这种"公司＋农户"的模式在珠江三角洲加州鲈养殖行业中已开始酝酿和实施。

5. 打造品牌，推广饮食文化

与我国目前绝大多数水产养殖品种一样，加州鲈至今仍未有标志性的品牌，无品牌的商品市场价格波动幅度大，抵抗市场风险的能力也差。因此，应从养殖入手，制定养殖规范，建立技术标准，保证养殖出高质量无公害的加州鲈，通过多种渠道，如在超市开设鲈鱼专柜等，将绿色的优质产品推向市场，逐渐树立品牌，从而提高养殖户的利润，引导消费者放心吃鱼。此外，针对加州鲈肉质坚实，味美、清香的特点，大力发展精深加工，丰富加工种类，提高加州鲈加工品质，如速冻保鲜食品、腌制品等，进行休闲食品的开发，将加州鲈加工成鱼酥、鱼松、烤鱼等休闲食物，这样即可避免年底加州鲈集中上市时的销售困难，又可大大提高产品的附加值。此外，还可针对加州鲈肉质白嫩、清香，肉为蒜瓣形，容易暂养，适宜活体上市等特点，研究加工食用方法和烹饪技术，制作名菜佳肴，推广加州鲈的饮食文化。

第二章　加州鲈生物学特性

第一节　加州鲈的形态与分布

一、加州鲈的形态结构

加州鲈身体呈纺锤形，侧扁，背肉稍厚，横切面为椭圆形。口裂大，斜裂，颌能伸缩。牙齿为绒毛细齿，比较锐利。身体背部为青灰色，腹部灰白色。从吻端至尾鳍基部有排列成带状的黑斑。鳃盖上有3条呈放射状的黑斑。体被细小栉鳞。背鳍硬棘部和软条部间有一小缺刻，不完全连续；侧线不达尾鳍基部。第一鳃弓外鳃耙发达，骨质化，形状似禾镰，除鳃耙背面外，其余三面均布满倒锯齿状骨质化突起，第五鳃弓骨退化成短棒状，无鳃丝和鳃耙。体被细小栉鳞。背部为青绿橄榄色，腹部黄白色。尾鳍浅凹形。鳔一室，长圆柱形；腹膜白色；有胃和幽门垂，肠粗短，两次盘曲，为体长的0.54～0.73倍，可食部分约占体重的86%。加州鲈外形见图1-2-1和彩图1。

我国养殖加州鲈的可数和可量性状分别见表1-2-1和表1-2-2。从表1-2-1可以看出，我国养殖加州鲈的背鳍式为DⅨ－13～15；AⅢ－10～12；VⅠ－4～5；P12～13；鳞式（58～68）×［（6～9）/(12～17）］。鳃耙2＋6。脊椎骨26～32枚，肋骨15对，侧线鳞数58～68片。从表1-2-2可以看出选取的加州鲈体重为（468.27±194.54）克，全长为（29.05±3.38）厘米。体长/体高的变化范围为（3.08±0.18）；体长/头长的变化范围为（3.10±0.23）；尾柄长/尾柄高的变化范围为（1.58±0.21）。

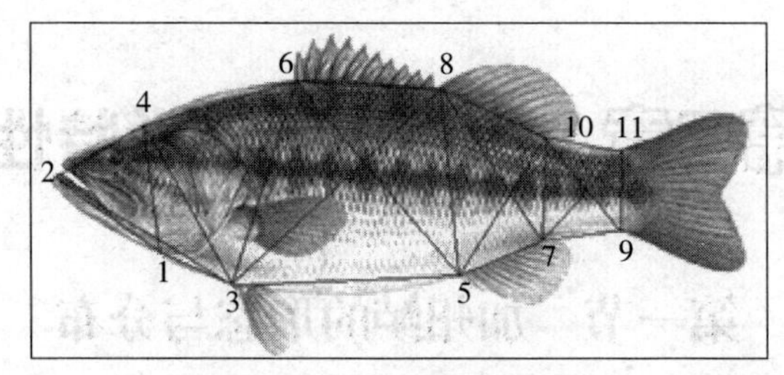

图 1-2-1 加州鲈外形示意

1. 下颌骨最后端 2. 吻前端 3. 腹鳍起点 4. 额部上颌骨最后端 5. 臀鳍起点 6. 背鳍起点 7. 臀鳍末端 8. 第一背鳍末端 9. 尾鳍腹部起点 10. 背鳍末端 11. 尾鳍背部起点

表 1-2-1 我国养殖加州鲈的可数性状

性状	范围	平均值	标准差	主要变化范围	标准误
背鳍条	Ⅸ－13～15	14.20	0.63	14.2±0.63	0.2
臀鳍条	Ⅲ－10～12	11.00	0.67	11.0±0.67	0.211
胸鳍条	12～13	12.30	0.48	12.3±0.48	0.153
腹鳍条	Ⅰ－4～5	4.70	0.48	4.70±0.48	0.153
脊椎骨	26～32	30.40	2.46	30.40±2.46	0.777
侧线鳞	58～68	61.66	2.64	61.66±2.64	0.489
侧线上鳞	6～9	7.83	0.60	7.83±0.60	0.112
侧线下鳞	12～17	15.69	1.04	15.69±1.04	0.193
鳃耙	2＋6				
肋骨	15 对				

表 1-2-2 我国养殖加州鲈的可量性状

性状	范围	平均值	标准差	主要变化范围	标准误
体重	103.5～967.5	468.27	194.54	468.27±194.54	17.47
全长	18.95～37.30	29.05	3.38	29.05±3.38	0.30
体长	16.30～33.13	25.50	3.13	25.50±3.13	0.28
体高	4.81～12.00	8.34	1.42	8.34±1.42	0.13
头长	5.35～29.00	8.35	2.11	8.35±2.11	0.19
吻长	0.97～2.17	1.46	0.23	1.46±0.23	0.02
体宽	2.5～6.0	4.38	0.76	4.38±0.76	0.07
眼径	0.90～1.80	1.18	0.13	1.18±0.13	0.01

（续）

性状	范围	平均值	标准差	主要变化范围	标准误
眼间距	1.20～2.90	2.17	0.31	2.17±0.31	0.03
尾长	5.42～33.79	8.42	2.51	8.42±2.51	0.23
尾柄长	3.16～7.69	5.10	0.74	5.10±0.74	0.07
尾柄高	1.93～7.67	3.28	0.62	3.28±0.62	0.06
体长/体高	2.57～3.48	3.08	0.18	3.08±0.18	0.02
体长/头长	0.88～3.75	3.10	0.23	3.10±0.23	0.02
尾柄长/尾柄高	0.62～2.86	1.58	0.21	1.58±0.21	0.02

二、加州鲈的自然分布

加州鲈在原产地由 2 个亚种组成，分布在美国佛罗里达半岛的佛罗里达州亚种和分布遍及美国中部及东部地区、墨西哥东北部地区以及加拿大东南部地区的北方亚种（*Micropterus salmoides salmoides*）。经鉴定，我国养殖的加州鲈属于北方亚种。中国水产科学研究院珠江水产研究所科研团队以国内 4 个加州鲈养殖群体为基础选育种群，采用群体选育的方法，以生长速度为指标，经 5 代连续选育获得 1 个加州鲈新品种——“优鲈 1 号”（品种登记号：GS-01-004-2010），该品种的生长速度比普通加州鲈快 17.8%～25.3%，高背短尾的畸形率明显降低。

第二节　加州鲈生物学特征

一、年龄与生长

加州鲈在北美洲自然水域内生长速度较快，记录最大个体体重达 10 千克，全长 970 毫米。在我国华南地区当年可长到 500～750 克，在华东地区也可长到 250～500 克。通常 1～2 龄生长速度较快，3 龄生长速度开始减慢。

二、食性

以肉食性为主，掠食性强，摄食量大，成鱼常单独觅食，喜捕食小鱼、小虾。食物种类依鱼体大小而异。孵化后1个月内的鱼苗主要摄食轮虫和小型甲壳动物。当全长达5～6厘米时，大量摄食水生昆虫和鱼苗。全长达10厘米以上时，常以其他小鱼作为主食。在饥饿的情况下，相互蚕食现象比较严重。在适宜环境下，摄食极为旺盛。冬季和产卵期摄食量减少。当水温过低，池水过于混浊或水面风浪较大时，常会停止摄食。

三、生活习性

在自然环境中，加州鲈喜栖息于沙质或沙泥质且混浊度低的静水环境，尤喜群栖于清澈的缓流水中。经人工养殖驯化，加州鲈能适应较肥沃的池塘水质，一般活动于中、下水层，常藏身于植物丛中。在水温1～36℃范围内均能生存，10℃以上时开始摄食，最适生长温度为20～30℃。加州鲈为肉食性鱼类，摄食性强，食量大，且会相互残杀，特别是在苗种培育期间。人工养殖成鱼可投喂鲜活小杂鱼，也可投喂切碎的冰鲜鱼或人工配合颗粒饲料。

四、繁殖

加州鲈性成熟年龄为1年以上，性腺1年成熟1次，且多次产卵，产卵季节为2—7月，卵子属性为黏性卵，4月为产卵盛期。在北方地区可选用2龄的加州鲈作为亲鱼，2龄亲鱼个体应在0.8～1.0千克。而广东地区选用2龄的加州鲈多是用来作为早繁亲鱼，在气温较低的1月和2月进行人工催产繁殖，尽早获得鱼苗，使成鱼的上市时间提前。繁殖的适宜水温为18～26℃，以20～24℃为好。初重1千克的雌鱼怀卵4万～10万粒，为多次产卵型，每次产卵2 000～10 000粒。

平时雌、雄鱼难以辨别，到了生殖季节，成熟时的加州鲈亲鱼雌、雄差异较明显，雌鱼体色为淡白色，卵巢轮廓明显，前腹部膨大柔软，上、下腹大小匀称，有弹性，尿殖乳突稍凸，产卵期呈红润状，上有2个孔，前、后分别为输卵管和输尿管开口（彩图2）。雄鱼则体形稍长，腹部不大，尿殖乳突凹陷，只有1个孔，较为成熟的雄鱼轻压腹部便有乳白色精液流出（彩图 3）。

加州鲈虽可在水质清新、长有水草（如金鱼藻、轮叶黑藻等）、池底有沙石的池塘中自然产卵，但产卵率低，鱼苗大小不均匀，容易自相残杀。为了达到同步产卵的目的，可以采用人工注射外源激素，让其自然产卵。

第三章 加州鲈高效生态养殖技术

第一节 苗种繁殖技术

一、亲鱼选择

在我国南方地区养殖的加州鲈性成熟年龄在1年以上，因而，在大多数情况下年底收获成鱼时，挑选个体在0.6千克以上，体质健壮和无伤病的加州鲈作为预备亲鱼，选好后放入亲鱼池进行强化培育。为避免近亲繁殖，雌、雄亲本应分别选自不同养殖场，并注意调查亲本的养殖效果。

二、亲鱼培育

亲鱼通常采用专塘培育，选择面积为1 334～2 001米^2 的池塘作为亲鱼池，要求水深在1.5米左右，池底平坦，水源充足，水质良好，溶氧量高，呈中性或微碱性。进、排水方便，通风、透光。鱼池选好后，要清塘消毒，注入新水。每到年底收获成鱼时，挑选体质好、个体大、体色好、无损伤、无病害的加州鲈作为后备亲鱼，放入专池培育。每667米^2 放养600～1 200尾，雌、雄比例约为1∶1。用冰鲜鱼或配合饲料投喂，每天上午及黄昏各投喂1次，每天投喂率为亲鱼体重的3%～5%，以饱食为度。每隔一段时间可向池中放一些抱卵虾，让其繁殖幼虾供亲鱼捕食，使培育池中经常保持饲料充足，以满足亲鱼性腺发育对营养的需要。加州鲈不耐低氧，易浮头，当池水水质变差，透明度低于20厘米时，须及时换注新水，闷热雷雨季节，要经常增氧，亲鱼浮头会延缓性腺发育。冬季，亲鱼塘要定期冲注清水，保持水质清新，有利于性腺发育。另外，可适当混养少量的鲢、鳙，用于调节水质。产卵前1个月应适当减少投喂，并每隔2～3天冲水1～2小时，促进亲鱼性腺发育成熟，必要时还要打开增氧机增氧。2月开始，天气逐渐暖和，气温、水温不断升高，已符合加州鲈繁殖最适宜生长水温20～30℃中的最低要求即可起捕，选择成熟亲鱼进行人工繁殖。

三、人工催产

加州鲈繁殖通常是群体自然产卵，在自然或正常人工池养的条件下，到了生殖季节，加州鲈亲鱼一般能成熟，不需人工催产也能顺利地产卵排精，完成受精过程。但当需要有计划地使加州鲈产卵时，为达到同步产卵，就要采用鱼用催产剂，一般选择水泥池培育且数量少的亲鱼使用人工催产剂。进行人工催产，所得受精卵的受精率要比自然产卵的低，而且亲鱼对催产剂效应时间比较长。但也有采用人工催产使池塘培育的亲鱼提早产卵，尽早获得加州鲈鱼苗的情况。通常在春季水温达18～20℃时进行催产。

催产时，挑选雌、雄个体大小相当者配对，比例为1∶1。常用催产剂为鲤脑垂体（PG）和绒毛膜促性腺激素（CG），单独或混合使用。每千克雌鱼单独注射鲤脑垂体6毫克或绒毛膜促性腺激素2 000国际单位，雄鱼则减半。视亲鱼的发育程度采用一次性注射或分两次注射，两次注射的时间间隔为9～12小时，第一次注射量为总量的30%，第二次注射余量。使用合剂时，第一次注射鲤脑垂体1.0～1.5毫克，第二次注射鲤脑垂体2.0～2.5毫克和绒毛膜促性腺激素1 500国际单位，均可获得良好效果。雄鱼性成熟状态对雌鱼产卵有明显影响，繁殖时需挑选精液充沛、体壮活泼的雄鱼，必要时在雌鱼第二次注射时对雄鱼作适量注射。注射部位如彩图4所示。

四、鱼苗孵化

1. 孵化设备

繁殖季节到来之前，要根据生产规模准备好产卵池，产卵池可分为两种：一种为水泥池，通常要求面积为 10 米^2 以上，水深 40 厘米左右，池壁四周每隔 1.5 米设置 1 个人工鱼巢。人工鱼巢可用棕榈皮（彩图 5）或尼龙窗纱等制成（彩图 6）。尼龙窗纱鱼巢是在粗铁丝框上缝上窗纱，规格一般为 50 厘米×40 厘米。棕榈皮可直接放在池底，规格为 22 厘米×23 厘米。亲鱼密度为每 2～3 米^2 放入亲鱼 1 组。另一种为池塘，以沙质底斜坡边的土池比较理想，面积为1 334～2 668米^2，水深 0.5～1.0 米，池边有一定的斜坡。池水的透明度为 25～30 厘米，溶氧量充足，最好在 5 毫克/升以上。每 667 米^2 可放亲鱼尾数为 250～300 对。产卵巢可直接铺放在池塘周边浅水区使其保持在水面下约 0.4 米的水深处（彩图 7）。产卵池放入亲鱼之前需用药物彻底清塘除害。亲鱼入池后要保持池塘和周围环境相对安静。经过若干天后，就可发现池四周有雄鱼看护的鱼巢中黏附很多受精卵，把受精卵捞出洗净即可进行人工孵化。

2. 孵化时间

加州鲈的催产效应时间较长，当水温为 22～26℃时，注射激素后 18～30 小时开始发情产卵。开始时雄鱼不断用头部顶撞雌鱼腹部，当发情到达高潮时，雌、雄鱼腹部相互紧贴，这时开始产卵受精。产过卵的雌鱼在附近静止片刻，雄鱼再次游近雌鱼，几经刺激，雌鱼又可发情产卵。加州鲈为多次产卵类型，在一个产卵池中，可连续数天见到亲鱼产卵。在自然水域中，加州鲈繁殖有营巢护幼习性，雄鱼首先在水底较浅水处挖成一个直径为 60～90 厘米、深为 3～5 厘米的巢。然后雄鱼引诱雌鱼入巢产卵，雄鱼同时排精。雌鱼产卵后便离开巢穴觅食，雄鱼则留在巢边守护受精卵，不让其他鱼接近。加州鲈受精卵为球形，淡黄色，内有金黄色油球，卵径为 1.3～1.5 毫米，卵产入水中卵膜迅速吸水膨胀，呈黏性，黏附在鱼巢上。受精卵一般在水泥池中进行孵化，这样也更有利于孵出的仔鱼规格齐整，避免相互残杀。孵化时要保持水质良好，溶氧量最好在 5 毫克/升 以上，水深 0.4～0.6 米，避免阳光曝晒，有微流水或有增氧设备能大大提高孵化率。在原池孵化培育的应将亲鱼全部捕出，以免其吞食鱼卵和鱼苗。孵化时间与水温高低有关。水温在17～19℃时，孵化出膜需52小时；水温在18～21℃时需45小时；水温在22～22.5℃时，则只需31.5小时。刚出膜的鱼苗半透明，长约0.7厘米，集群游动，出膜后第三天，卵黄被吸收完，然后开始摄食。加州鲈鱼苗如彩图8所示。

加州鲈人工繁殖过程中也会存在一些问题，应当加以注意，具体如下。

(1) 亲鱼难产死亡　多数为2龄以上亲鱼，死鱼腹部鼓胀，解剖卵巢可见部分卵吸水膨胀。造成难产的主要原因，一是人工繁殖挑选亲鱼时，有的雌鱼虽然腹部膨大，但不松软，生殖孔过分凸出，容易发生难产；二是注射剂量不当。

(2) 卵受水霉感染　2月上旬至3月下旬这段时间气候变化频繁，卵会因遇寒流水温突然降低而容易引起水霉感染。另外，水质不好，鱼巢未彻底消毒也是原因之一。因此，最好还是将受精卵捞起放置室内孵化。

(3) 卵完全不受精或受精率低　主要原因是亲鱼不够成熟，卵和精子质量差；雌、雄个体大小悬殊，发情产卵时配合不佳；发情产卵受外界干扰。

第二节　苗种培育技术

一、培育池条件

鱼苗培育阶段是加州鲈整个养殖中难度最大、技术性最强的阶段，其中关键环节是驯化，决定着养殖能否成功。驯化好，可提高鱼苗的成活率，加快鱼苗的生长速度，为后期养殖奠定好的基础。加州鲈鱼苗孵出后第三天，卵黄囊消失，即摄食浮游动物，此后进入鱼苗培育阶段。鱼苗可以用水泥池培育，也可以用池塘培育。饲料充足，鱼苗培育1个月，体长可达3～4厘米。下面详细介绍水泥池和池塘两种培育方式。

1. 水泥池培育

水泥池大小以20～30米^{2}为宜，也可以利用原有的产卵池。放苗前应先清洗培育池，并检查有无漏洞，如果发现有漏水现象，要及时进行修补。水深20～25厘米，以后每天加注少量新水，逐渐加至50～70厘米。鱼苗放养密度视排、灌水的条件而定，若水质优良，水源充足，有条件经常冲水的培育池，每平方米放养刚孵出的幼鱼1 000～2 000尾，或每平方米放1厘米左右的幼苗500～800尾，2厘米的幼苗200～300尾，3～4厘米的100～200尾。初期应投喂小型浮游动物，如轮虫、桡足类的无节幼体，每天投喂2～3次，投喂量视幼鱼的摄食情况而增减。当鱼苗长至1.5～2.0厘米时，最好能转入池塘进行培育，且培育密度应适当降低，应投喂大型浮游动物，如枝角类、桡足类、水蚯蚓等。当鱼苗长至2厘米以上时摄食量增大，可开始驯食鱼浆，逐渐转入投喂小块鱼肉。

2. 池塘培育

池塘水深1.0～1.8米，水源充足，水质好，不受污染，面积以667～2 001米^{2}较为理想。鱼苗下塘前约10天用生石灰或茶粕清塘，若用生石灰，每667米^{2}为50～75千克。消毒后的池塘进水50～70厘米，适当施肥，培肥水质，增加浮游生物量，为鱼苗提供饵料生物。透明度保持在25～30厘米，水色以绿豆青色为好。每667米^{2}放养量为15万～30万尾，具体视鱼塘的肥瘦程度而定。鱼苗下塘后，以水中的浮游生物为食，因此，必须保持池水一定的肥度，提供足够的浮游生物，若浮游生物量少，饵料生物不够时，鱼苗会沿塘边游走，此时需捞取浮游生物来投喂。待鱼苗体长为1.5～2.0厘米时，开始转入驯化阶段，使其摄食鱼肉糜，以后逐渐过渡到切碎的冰鲜鱼。期间要注意分疏或转塘。

二、投喂

加州鲈开口饵料是肥水培育的浮游生物，一般需要用来投喂15天左右，等鱼苗长至1.5厘米以上时可开始投喂鱼浆进行驯化，刚开始 2～3 天在固定地点投喂水蚤，使加州鲈形成固定的摄食地点，接下来 10 天左右投喂鱼浆与水蚤混合的饵料，投喂过程中慢慢减少水蚤量，然后直接投喂鱼浆。每次投喂前拨动水面，吸引鱼苗前来摄食，并让其形成条件反射，每天驯化时间需达 6～8 小时（彩图 9）。摄食鱼浆的加州鲈可进一步驯化摄食配合饲料。当鱼苗经驯化全部都抢食鱼浆后，便可在鱼浆内添加配合饲料粉料，并逐步增大添加量，一般第七天左右粉料可添加至 60%～70%，这时改粉料为硬颗粒饲料，同样逐步增加添加量，一般再经 7～10 天就可全部改为硬颗粒饲料。由于加州鲈是肉食性鱼类，一旦生长不齐，就出现严重的相互残杀，特别是高密度的池塘育苗，在 6 厘米之前，互相残杀最严重，应根据鱼苗的生长情况（一般为培育15～20 天时）用鱼筛进行分级，分开饲养，有利于提高鱼苗的成活率。

鱼苗长至 3～4 厘米的夏花规格后开始转入鱼种培育阶段。池塘面积以 1 334～3 335 米^2 为宜，水深为 1.0～1.5 米，排、灌方便，溶解氧充足。清塘消毒后每 667 米^2 水面放 3 厘米左右的夏花鱼种 3 万～4 万尾；鱼苗长至 5 厘米时，放养量适宜为 1.2 万尾；而 10 厘米左右的鱼种放养量适宜为5 000～6 000尾，因此，在过筛分级培育的同时，依据大小不同的规格来稀疏养殖密度。实践也证明，采用分规格过筛稀疏养殖密度的培育方法是提高加州鲈鱼种成活率的重要措施。广东地区主要投喂冰鲜鱼浆，每天投喂 2～3 次，投饲率为 4%～10%。为使鱼种生长相对较均匀，科学的投喂方式也特别关键，一方面最好在鱼塘中间形成小面积培育，这样可使投喂饲料被充分摄食，另一方面应尽量延长投喂时间，能让每一尾鱼都能吃到饲料，并且能够吃饱；投喂太快，冰鲜鱼沉落到底部不会被加州鲈摄食，不仅浪费饲料，还败坏水质。经过 50 天左右的培育，鱼种规格可达到 10 厘米以上，再转入成鱼池塘中饲养。

三、育苗日常管理

1. 定期加水

鱼苗饲养过程中分期向鱼塘注水是提高鱼苗生长率和成活率的

有效措施。一般每5～7天注水1次，每次注水10厘米左右，直到较理想水位，以后再根据天气和水质，适当更换部分池水。注水时在注水口用密网过滤野杂鱼和害虫，同时要避免水流直接冲入池底把池水搅混。

2. 及时分筛

加州鲈弱肉强食、自相残杀的情况比较严重，生长过程又易出现个体大小分化，当饲料不足时，更易出现大鱼食小鱼的情况，因此，要做到以下几点：①同塘放养的鱼苗应是同一批次孵化的鱼苗，以保证鱼苗规格比较整齐；②培苗过程中应及时拉网分筛、分级饲养，特别是南方地区，放苗密度高，需要过筛的次数也多。当鱼苗长到3厘米左右，鳞片较完整时，就要拉网捕起分筛，分为大、中、小三级（彩图10和彩图11）；③定时、定量投喂，保证供给足够的饲料，使全部鱼苗均能饱食。加州鲈食欲旺盛，幼鱼日摄食量可达自身体重的50%，必须定时、定量投喂，使鱼苗个体生长均匀，减少自相残杀，提高成活率。

3. 巡塘

坚持在黎明、中午和傍晚巡塘，观察池鱼活动情况和水色、水质变化情况，发现问题及时采取措施。

第三节　加州鲈成鱼养殖

一、池塘精养

1. 池塘条件

目前我国加州鲈养殖主要以池塘精养为主，池塘面积以2 001～6 670米^{2}为宜，水深1.5～3.5米（彩图12）。要求水源充足，无污染源，水质良好，排、灌方便，池底淤泥少，壤土底质，上覆1层细碎沙石。在广东佛山大部分加州鲈养殖是高密度养殖，因此，都需要配备增氧机（每667米^{2}约需1千瓦）和抽水设备。进、排水要求分开，并设置密网过滤和防逃，若经常有微流水养殖效果更佳。鱼种放养前20～30天排干池水，充分曝晒池底，然后注水6～8厘米，每667米^{2}用75～100千克生石灰全池泼洒消毒，池塘消毒后1周，再灌水60～80厘米，培养水质。5～7天后，经放鱼试水证明无毒性后，方可放养规格为10厘米左右的加州鲈鱼种。

2. 鱼种放养

当水温在18℃以上时即可以放养加州鲈鱼种，池水浮游生物达到高峰时，是放苗的最佳时机，放养规格以当年繁殖培育的体质健壮、无病、无伤的10厘米夏花鱼种比较适宜，规格力求整齐，避免大小差异悬殊，可减少或避免大鱼吃小鱼现象，且一次放足。放养密度依据不同养殖地区而不同，广东地区每667米^{2}放养量为4 000～6 000尾，而江苏、浙江一带和四川地区的放养量为10厘米的鱼种1 200～2 000尾，12～16厘米的则放600～1 800尾，同时适量放养150～200尾大规格鲢、鳙等，以控制池塘中大量浮游生物、净化水质，并能增加产量，提高养殖效益。鱼种下塘时，须用80毫升/米^{3}的福尔马林或3%的食盐溶液药浴鱼体5～10分钟，以杀灭寄生虫和病菌。

3. 饲料投喂

加州鲈饲料为冰鲜低值鱼肉和颗粒饲料，颗粒饲料要求蛋白质含量达到45%左右。日投饲量，冰鲜鱼肉为饲养鱼总体重的5%～10%，颗粒饲料则为3%～8%，同时应视气候、水温和鱼摄食状况适量增减。使用鱼块或颗粒饲料需经驯食，驯食一般从鱼种下塘后2～3天开始，其方法是：在池塘设置的食台上投喂小规格其他鱼苗或小蚯蚓等活饵，吸引加州鲈集中取食，然后逐渐将鱼块或颗粒饲料掺在一起投喂。驯食开始几天，每天隔2～3小时投喂1次，以后每天喂4次，最后减至2次，每天上午、下午各1次，经1周左右驯食，即可形成加州鲈摄食小杂鱼、冰鲜鱼块或颗粒饲料的习惯。之后，采取抛投法投饲，以增加饲料在水中的运动时间和加州鲈捕食机会。饲料投喂要做到定时、定位、定量、定质，并视天气、水温和鱼的摄食等情况灵活掌握和调整。

4. 日常管理

加州鲈放养初期，由于水温偏低，池塘水位可以浅一些，以便升温。7—8月，随着水温、气温升高，要逐步把塘水加满，扩大养殖空间，以利于其生长。加州鲈饲料主要是冰鲜鱼，投喂的饵料鱼必须新鲜无变质，以免引发鱼病。每天根据加州鲈生长以及水质、天气情况来调节投饲量，尽量不留残饵，避免浪费，并造成水质败坏。加州鲈成鱼养殖期，由于大量冰冻杂鱼的投喂，水质容易变坏，因此，调节水质是保证加州鲈正常吃食和健康生长的关键，应每周换水30厘米左右。闷热天气，提前换水增氧，合理使用增氧机，防止缺氧浮头现象发生。同时巧用消毒净水剂，定期使用二氧化氯消毒剂，既可消毒又净化水质。

二、池塘混养

1. 池塘条件

加州鲈也可与四大家鱼、罗非鱼、胭脂鱼、黄颡鱼、鲫等成鱼进行混养。与一般家鱼相比，加州鲈要求水体中有较高溶氧量，成鱼养殖池塘一般要求在4毫克/升以上，因此，池塘面积宜大些，过小的池塘溶氧量变化大，易缺氧死鱼。可选水质清瘦、野杂鱼多、施肥量不大、排灌方便、面积在2 334.5米^{2}以上的鱼塘进行混养，而大量施肥投饲的池塘则不合适。混养加州鲈的池塘，每年都应该清塘，防止凶猛性鱼类如乌鳢、鳜存在，影响其存活率。在不改变原有池塘主养品种条件下，增养适当数量的加州鲈，既可以清除鱼塘中的野杂鱼、虾、水生昆虫、底栖生物等，减少它们对放养品种的影响，又可以增加养殖加州鲈的收入，提高鱼塘的产量和经济效益。

2. 苗种放养

混养密度视池塘条件而定，如条件适宜，野杂鱼多，加州鲈的混养密度可适当高些，但套养池中不要同时混养乌鳢、鳗鲡等肉食性鱼类，以免影响加州鲈成活率。套养时间为每年4月中旬至5月中旬，一般每667米^{2}可放养5～10厘米的加州鲈鱼种200～300尾，不用另投饲料，年底可收获达上市规格的加州鲈。另外，苗种塘或套养鱼种的塘不宜混养加州鲈，以免伤害小鱼种。混养时必须注意：混养初期，主养品种规格要大于加州鲈规格3倍以上。也有将加州鲈与河蟹进行混养，让河蟹摄食沉淀底层的动物性饵料，以达到清污的目的，可取得较好的经济效益。

3. 日常管理

混养塘养殖前期一般不需要专门为其投喂饲料，但到后期如果塘中各种生物饵料贫乏或放养数量过多，不能满足其生长的需要时，可向池中投放一批小野杂鱼让其繁殖后代，通过适当补充部分鲜活饵料，以保证加州鲈每天都有充足的饵料鱼，促进其生长。

三、网箱养殖

1. 水域选择

养殖加州鲈的水域宜选择便于管理、无污染的水库、河流或湖泊，要求设置网箱的水域应保证水面开阔、背风向阳，底质为砂石，水深最好在4米以上，水体透明度在40厘米以上。水体有微流水最为适宜。

2. 网箱设置

网目大小视鱼种放养规格而定，以不逃鱼为准。一般放养8厘米左右的鱼种，网目[①]尺寸为1厘米；放养每尾50克以上的鱼种，网目尺寸为2.5厘米。网箱结构为敞口框架浮动式，箱架可用毛竹或钢管制成。网箱排列方向与水流方向垂直，呈“品”字形或梅花形等，排与排、箱与箱之间可设过道。网箱采用抛锚及用绳索拉到岸上固定，可以随时移动。也可将网箱以木桩固定（彩图13），下方四角以卵石等作沉子，上方以铁油桶作浮架，随水位升降而浮动。鱼种放养前7～10天将新网箱入水布设，让箱体附生一些丝状藻类等，以避免放养后擦伤鱼体。

3. 鱼种放养

---

① 筛网有多种形式、多种材料和多种形状的网眼。网目是正方形网眼筛网规格的度量，一般是每2.54厘米中有多少个网眼，名称有目（英国）、号（美国）等，且各国标准也不一，为非法定计量单位。孔径大小与网材有关，不同材料的筛网，相同目数网眼孔径大小有差别。——编者注

按不同规格分级养殖，保持同一网箱鱼体规格基本一致。适宜放养密度如下：规格在5～6厘米/尾，每平方米放养500尾；一般体长8～10厘米的鱼种，每平方米可放养250～300尾；12厘米以上的鱼种，每平方米放养100～150尾。条件较好的密度还可适当增加。此外，可套养一些团头鲂、鲫或鳙，以充分利用饲料，净化网箱水质。对放养的鱼种可进行药浴消毒处理，以防鱼病。消毒可用3%食盐溶液或每100千克水中加1.5克漂白粉浸浴，浸浴时间视鱼体忍受程度而定，一般为5～20分钟。放养前要检查网箱是否有破损，以防逃鱼。

4. 日常管理

投喂冰鲜小杂鱼。鱼苗入箱后前10～20天投喂鱼浆，随着鱼体长大，改投小鱼块，此后鱼块逐渐加大。投饲方法采用“四定”投饲法：①定时。一般情况下每天投喂2次，即08：00—09：00投喂1次，16：00—17：00投喂1次。②定位。将饵料鱼块或整条鱼投喂在网箱的中间，不要投到网箱的四角上，以免加州鲈在争抢时会急速向四角游去，擦伤鱼体。③定量。整个饲养过程分2个阶段进行，幼鱼阶段投饲量为8%～10%，成鱼阶段投饲量为5%～8%，具体应根据天气、水温的变化和鱼吃食等情况灵活掌握。④定质。投喂的冻块饵料鱼，必须是新鲜无腐烂变质、变色、变味，发现有上述情况必须立即换掉。

日常管理与一般网箱养鱼基本相同。主要抓好以下几点：①勤投喂。鱼体较小时，每天可视具体情况多投几次，随着鱼体的长大，逐渐减至1～2次；投饲量视具体情况而定，一般网箱养鱼比池养的投饲量稍多一些。②勤洗箱。网箱养鱼非常容易着生藻类或其他附生物，堵塞网眼，影响水体交换，引起鱼类缺氧窒息，故要常洗刷，保证水流畅通，一般每10天洗箱1次。③勤分箱。养殖一段时间后，鱼的个体大小参差不齐，个体小的抢不到食，会影响生长，且加州鲈生性凶残，放养密度大时，若投饲不足，就会互相残杀。所以要及时分箱疏养，保证同一规格的鱼种同箱放养，避免大鱼欺小鱼或吃小鱼的现象发生。④勤巡箱。经常检查网箱的破损情况，以防逃鱼。同时做好防洪、防台风工作，在台风期到来之前将网箱转移到能避风的安全地带，并加固锚绳及钢索。

四、病害防治

加州鲈在引进的初期病害很少，但随着养殖密度的增加和养殖环境的改变，病害也渐渐增多。对于病害，应以预防为主，治疗为辅，平时做好苗种消毒、饲养管理和水质调节工作。目前养殖中常见的鱼病有烂鳃病、肠炎病、白皮病、车轮虫病、斜管虫病、小瓜虫病、杯体虫病以及一些病毒性疾病等，一旦发现病鱼应及时诊断并对症下药。

（一）细菌性疾病

1. 烂鳃病

（1）主要症状　病鱼体色黑暗，离群慢游于水面、池边或网箱的边缘，对外界反应迟钝。打开鳃盖观察，鳃瓣通常有腐烂发白或带污泥的腐斑，鳃小片坏死、崩溃，严重的发病鱼在靠近病灶的鳃盖内侧处充血发炎（彩图14）。由于病菌的入侵，部分病鱼自吻端到眼球处发白，在池边观察症状更清楚，打开病鱼口腔，颌齿间上下的表皮发炎充血，严重的表皮糜烂脱落，在糜烂处可看到淡黄色的菌团物。

（2）病原及流行情况　该病是由柱状黄杆菌感染引起。菌体直径为0.5微米，长6～12微米，革兰氏阴性，好氧，最适温度为25～28℃，培养基中NaCl含量超过0.5%时不生长，不分解琼脂、纤维素及几丁质，菌株在0.5%胰胨琼脂平板生长良好，25℃培养24小时后，菌落呈淡黄色边缘不整齐，假树根状。

该病主要危害养殖过程中的鱼种和成鱼，发病水温25～28℃，每年4—6月和9—10月为发病期，池塘和网箱饲养的加州鲈都有发生，死亡率较高，严重的鱼池发病死亡率达60%。

（3）防治方法　①漂白粉1毫克/升或强氯精0.3～0.5毫克/升全池泼洒，或用“鱼菌清2号”（中国水产科学研究院珠江水产研究所水产药物实验厂生产）全池泼洒，每 667 米^2 用药 200 克（水深以 1 米计），隔天使用 1 次。②已发病网箱可用 2%～3%的盐溶液浸泡鱼体 15～30 分钟后更换新网箱。③内服抗菌药物，如氟哌酸，每千克鱼用药 30～50 克。

2. 白皮病

（1）主要症状 病鱼体色变黑，在水面或网箱边缘缓慢游动，反应迟钝。两侧或背鳍、腹鳍、尾鳍基部或吻端病灶色素消退出现白斑，随着病程的发展白斑迅速扩展蔓延至躯干，严重发病鱼，口腔周围至眼球处皮肤糜烂肿胀，眼睛混浊。在池边观察游动在水面的病鱼，容易看到发白的病灶有"白皮""白头""白嘴"症状（彩图 15）。

（2）病原及流行情况 该病主要由柱状黄杆菌感染引起，通常在过筛分塘时由于操作不慎或寄生虫如锚头鳋、鲺感染损伤鱼体，病菌乘机入侵导致，每年 4—5 月为流行期，以网箱尤为常见，主要危害鱼种和成鱼。死亡率高达 30%～40%。

（3）防治方法 ①鱼种在运输和过筛分塘时避免鱼体受伤。②及时杀灭体表的寄生虫。③一旦发病，可采用烂鳃病相同的方法治疗。

3. 肠炎病

（1）主要症状 病鱼腹部胀大，肛门红肿。下颌及腹部为暗红色，重症病鱼轻压腹部可见从肛门流出的淡黄色腹水，剖开腹腔内积有腹水，流出的腹水经几分钟后呈"琼脂状"，肠管紫红色，用剪刀将肠管剖开，肠内充满黏状物，肠内壁上皮细胞坏死脱落，严重的病鱼整个腹腔内壁充血，肝脏坏死。

（2）病原及流行情况 该病主要由爱德华菌或点状气单胞菌感染引起，菌体短杆状，单个或两个相连，革兰氏阴性。

肠炎病全年均可发生，春、夏季节尤为严重，通常是投喂变质或不洁的冰鲜鱼或人工配合饲料引起，危害对象以鱼种和成鱼为主，急性发病，死亡率较高。

（3）防治方法 ①杜绝投喂变质或不洁的饲料，投饲时做到定质、定量。②鱼池用二氧化氯消毒剂如"鱼菌清 2 号"等泼洒消毒，每667米^{2}用药量为200克（水深以1米计）。③内服土霉素，每100千克鱼用10～20克，或氟哌酸4～5克拌料投喂，连续3～4天。

4. 溃疡综合征

(1) 主要症状　发病初期，病鱼躯干、头部出现小红斑，周围鳞片松动脱落，随病程发展，病灶表皮及肌肉溃烂，病灶通常为圆形或椭圆形，并伴有如水霉状絮状物附着，同一尾病鱼出现多个病灶，在头部、背部、体表两侧不等，严重时烂至骨头，一些病鱼下颚骨断裂，鳍条缺损，内脏病变通常不明显。

(2) 病原及流行情况　溃疡综合征是一种综合性的疾病，病因比较复杂，主要病原有嗜水气单胞菌、温和气单胞菌以及镰刀菌等。

该病在每年的12月至翌年的4月为常见。危害对象以成鱼为主，损伤后的鱼很容易引发此病。池塘、网箱均有发生，严重的鱼塘发病率高达60%，但死亡率低，主要影响成鱼的商品价值。

(3) 防治方法　①鱼种放养前做好清塘消毒，通常用漂白粉＋生石灰，即每667米^{2}用漂白粉10千克（水深以1米计）、生石灰75千克（水深以1米计），或单用漂白粉。②降低养殖密度，加强饲养管理，在养殖后期饲料中添加维生素C和多维，增强鱼体的抗病能力，添加量为鱼体重的0.3%～0.5%。③发病鱼塘选用的0.3～0.5毫克/升二氧化氯或苯扎溴铵溶液等消毒剂全池泼洒。④结合水体消毒的同时内服沙星类抗菌药，如诺氟沙星、恩诺沙星等，每千克鱼用药30～50克，连喂4～5天。

5. 诺卡氏菌病

(1) 主要症状　病鱼食欲减退，离群游于水面或池边，体色变黑。解剖观察，脾、肾、肝、肠系膜、鳔等处布满小白点，类似于结节状物。严重时肾脏、鳃耙骨和肌肉有较大的白色隆起脓包，用小针扎破，流出白色或带血的脓液组织，病鱼呈贫血状（彩图16）。

(2) 病原及流行情况　该病主要由诺卡菌感染引起，菌体直径为0.2～1.0微米，长2～5微米。短杆状或细长分枝，生长缓慢，革兰氏阳性，在血平板培养基上菌落呈白色沙粒状。

该病是近年常发生的疾病，5—7月为流行期，以危害成鱼为主，发病率和死亡率较高，而且严重影响成鱼的商品价值。

(3) 防治方法 ①鱼种放养前做好清塘消毒工作，杀灭水中的病原菌。②加强饲养管理，定期添加维生素C和多维，增强鱼体的抗病能力。由于诺卡菌生长较慢，发病初期无症状或症状不明显，且病程持续时间长，故给早期诊断和治疗带来困难。③及时清除病鱼，防止病情蔓延，梅雨季节，保持水源清洁，经常换用新水，防止水体富营养化，在养殖的中期定期投放光合细菌类微生物制剂调节水质。④发病流行季节用2～3毫克/升的苯扎溴氨进行水体消毒，隔2天再使用1次。⑤内服“鱼必康”或强力霉素、氟苯尼考等抗生素，并以磺胺甲噁唑、甲氧苄啶（5：1）按每千克鱼40～50克拌料投喂，连续4～5天。

(二) 病毒性疾病

1. 病毒性溃疡病

(1) 主要症状 病鱼体色变黑和眼睛白内障，体表大片溃烂呈鲜红色，尾鳍或背鳍基部红肿，肌肉坏死，部分病鱼胸鳍基部红肿溃烂，下颌骨两边鳃膜有血疱隆起，剖检，肝、脾、肾病变不明，但因心血管出血，心腔有血块凝聚，少数病鱼腹膜硬化成干酪状（彩图17）。

(2) 病原及流行情况 该病是由虹彩病毒（蛙病毒属中的一种虹彩病毒）感染引起，病毒呈六角形，正二十面体对称结构，病毒粒子有囊膜，大小为130～145纳米（图1-3-1）。

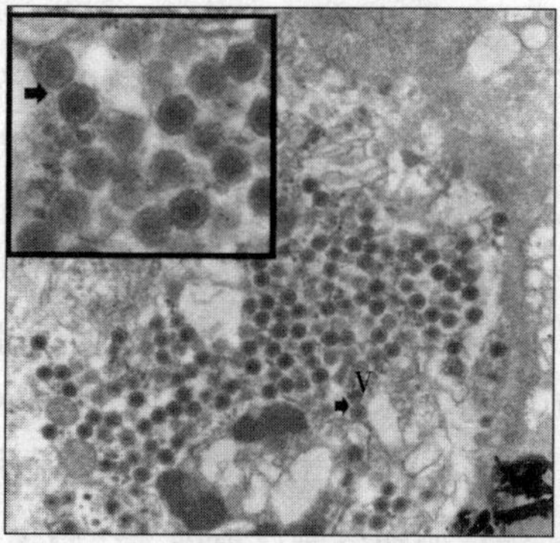

图1-3-1 加州鲈病毒性溃疡病病原

该病是2008年新发现的疾病，发病水温通常在25

～30℃，主要危害成鱼，但近两年发现该病毒已感染小规格鱼苗和鱼种，死亡率高达60%。

(3) 防治方法 目前没有有效的药物可治疗，发病期间可定期泼洒聚维酮碘全池消毒，同时在饲料中拌服“三黄散”。

2. 脾肾坏死病

(1) 主要症状 病鱼体色变黑，肝、脾、肾肿大，部分病鱼眼睛凸出，肝肿大充血或变白，脾呈暗红色（彩图18），少数濒死病鱼有旋转行为。

(2) 病原及流行情况 该病是由虹彩病毒科（Iridoviridae）细胞肿大病毒属中的一种虹彩病毒感染引起，切面为六角形，二十面体对称结构，无囊膜，直径为145～150纳米（图1-3-2）。

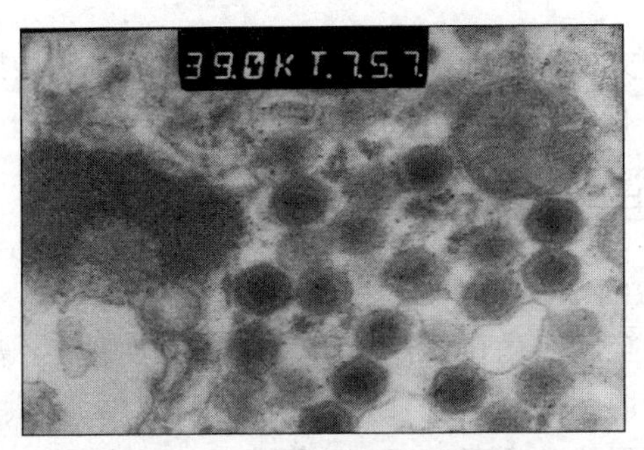

图1-3-2 加州鲈脾肾坏死病病原

该病发病水温通常在25～30℃，与病毒性溃疡病发病时间相同，主要危害成鱼，病鱼呈暴发性死亡，死亡率高达80%。

(3) 防治方法 目前没有特效药可治疗，发病初期全池泼洒聚维酮碘和“大黄流浸膏合剂”消毒有一定防治效果。

3. 弹状病毒病

(1) 主要症状 病鱼腹部肿大或体色变黑，消瘦，游动无力，在水中旋转，下颌充血，腹部有充血的斑块。剖检观察，腹部肿大的病鱼肝肿大，变白或充血，个别病鱼有腹水，眼睛凸出(彩图19)。

(2) 病原及流行情况 经诊断，该病由弹状病毒感染引起。主要感染苗种阶段，发病水温通常在23～26℃，死亡率高达50%（图1-3-3）。

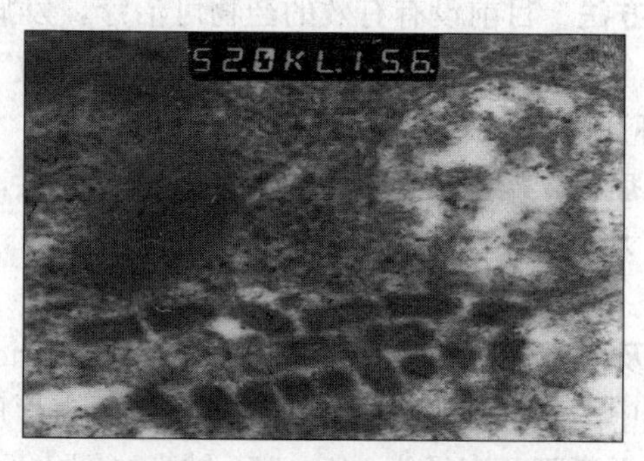

图1-3-3 加州鲈弹状病毒病病原

（3）防治方法 目前没有特效治疗药物，发病初期全池泼洒有机碘等消毒药有一定的防治效果。

（三）寄生虫病

1. 车轮虫病

（1）主要症状 病鱼体色黑暗、鳃有较多黏液，消瘦，群游于池边或水面。取一些鳃组织在显微镜下观察，可见大量的车轮虫，虫体侧面呈碟形或毡帽形，反口为圆盘形，内部有多个齿体嵌接成齿轮状结构的齿环（彩图20）。

（2）流行情况 此病流行于培苗期间，通常在3—5月，主要危害10厘米以下的种苗。水泥池或池塘培育的鱼苗都会发病。

（3）防治方法 用硫酸铜和硫酸亚铁（5∶2）合剂0.7毫克/升或“虫藻净”（中国水产科学研究院珠江水产研究所水产药物实验厂生产）全池泼洒。

2. 杯体虫病

（1）主要症状 病鱼群游于池边或水面，体表、鳍条黏附有灰白色的絮状物，粗看似水霉感染，将此物在显微镜下观察，可见大量的杯体虫，虫体容易伸缩，身体充分伸展时，一般的轮廓像杯体形或喇叭形，前端是圆盘状的口围盘，其边缘围绕着3层透明的缘膜，其里面有1条螺旋状的口沟，大核近似三角形或卵形，小核球形或细棒状，身后端有1条吸盘状结构称为茸毛器，借此把身体黏附在鱼体上（彩图21）。

(2) 流行情况　此病流行于3—5月培苗期间，主要危害种苗。水泥池和鱼塘培育的鱼苗都会发病。

(3) 防治方法　与车轮虫病相同。

3. 斜管虫病

(1) 主要症状　病鱼体色黑暗、皮肤和鳃有较多黏液，消瘦，群游于池边或水面。取一些鳃组织在显微镜下观察，可见大量的斜管虫，虫体侧面观察，背部隆起，腹面平坦，左、右两边不对称，左边较直，右边稍弯，后端有凹陷，腹面前端有1个漏斗状的口管，腹部长着许多纤毛，游动较快（彩图22）。

(2) 流行情况　此病流行于培苗期间，主要危害10厘米以下的种苗。水泥池或鱼塘培育的鱼苗都会发病。

(3) 防治方法　用硫酸铜和硫酸亚铁（5∶2）合剂0.7毫克/升或25～30毫升/米^{3}的福尔马林溶液全池泼洒。

4. 小瓜虫病

(1) 主要症状　患病鱼反应迟钝，消瘦，浮于水面或集群绕池，当虫体大量寄生时，肉眼可见病鱼体表、鳍条和鳃上布满白色点状胞囊，严重的发病鱼，由于虫体侵入皮肤和鳃的表皮组织，引起宿主病灶组织增生，并分泌大量黏液，形成一层白色的薄膜覆盖鱼体表。用镊子挑取小白点在显微镜下观察，虫体呈球形或近似球形，有1个大的U形核，活动时形态多变。

(2) 流行情况　此病在3—5月水温为20～25℃时流行，危害3～10厘米的种苗，常见于室内或池塘水体小、密度大的培育池，如不及时处理会造成较大的死亡。

(3) 防治方法　暂没有特效药，可通过降低放养密度和提高水温预防此病，发病鱼池可用20～30毫升/米^{3}的福尔马林全池泼洒。

第四节　高效生态养殖模式介绍

一、佛山加州鲈高密度深水池塘精养模式

1. 养殖条件

池塘养殖面积以 3 335～5 336 米^2 为宜，水深 3.0～3.5 米。要求水源充足，无污染源，水质良好，排水、灌水和管理方便，池底淤泥少。必须配备增氧机（每 667 米^2 约需 1 千瓦）和抽水设备，注、排水口设置密网过滤和防逃设施，若经常有微流水养殖效果更佳。鱼种放养前 20～30 天排干池水，充分曝晒池底，然后注水 6～8 厘米，每 667 米^2 用 75～100 千克生石灰全池泼洒消毒，池塘消毒后 1 周，再灌水 60～80 厘米，培养水质。经放鱼试水证明无毒性后，方可放养加州鲈鱼种。该养殖模式实际情况见彩图 23。

2. 鱼种放养

当水温达到 18℃以上时可以放养加州鲈鱼种，放养规格以当年繁殖培育的 5～8 厘米鱼种比较适宜，规格力求整齐，避免大小悬殊，可减少或避免大鱼吃小鱼的现象。鱼种每 667 米^2 放养密度为 6 000～8 000尾，适量放养少量大规格鳙、鲫等，以控制池塘中大量浮游生物，净化水质，并能增加产量，提高养殖效益。鱼种下塘时，须用 80 毫升/米^3 的福尔马林或 3%食盐溶液药浴鱼体 5～10 分钟，以杀灭寄生虫和病菌。

3. 饲养管理

投喂冰鲜小杂鱼，每天上午和下午各投喂 1 次，日投饲量为鱼总重量的 3%～10%，到 10 月之后每天仅投喂 1 次。平时注意巡池，观察鱼的摄食情况和水质、天气等情况，遇到异常情况及时解决。采取“捕大留小”方式捕捞加州鲈出售，翌年 5 月之前全部销售完毕。

二、苏州加州鲈池塘养殖模式

1. 养殖条件

池塘为东西向，面积为5 336～6 670米^2，池底平坦且淤泥少，

塘埂坚实不漏水，排、灌方便，配备 3 千瓦增氧机。1—3 月池塘进行清理整修，做到水源充足，不漏水，水深 1.5 米以上，淤泥不起过 20 厘米。该养殖模式实际情况见彩图 24。

2. 鱼苗培育

鱼苗下塘前 7～10 天要用生石灰干法清塘，每 667 米^2 用生石灰50～75 千克。清塘后施放有机肥，促进浮游生物繁殖，为鱼苗提供饵料生物。一般每 667 米^2 投放刚孵出的鱼苗约 5 万尾，培育约 1 个月鱼苗长到 3～4 厘米即要分疏或转塘。

3. 成鱼养殖

在 5—6 月放养经驯养过的鱼种，一般每 667 米^2 投放加州鲈鱼苗1 500～2 000尾，条件、设备好的鱼塘可放到2 000～2 500尾。适当混养鲢、鳙，可帮助清理饲料残渣、调节水质。加州鲈对蛋白质要求较高，投喂冰鲜海水鱼，投饲通常上午、下午各 1 次，水温在20～25℃时，日投饲量为鱼体重的 3%～10%，但要视鱼的摄食、活动状况及天气变化灵活掌握。11—12 月即可开始将单尾重400～500 克的加州鲈起捕上市，小一点的可于翌年 6 月前逐渐分批再上市，平均每 667 米^2 产量可达 750 千克。

4. 日常管理

①每日都要巡视养鱼池，观察鱼群活动和水质变化情况，避免池水过于混浊或肥沃，透明度以 30 厘米为宜。②投饲量要适当，切忌过多或不足。③及时分级分疏，把同一规格的鱼同池放养，避免大鱼吃小鱼。分养工作应在天气良好的早晨进行，切忌天气炎热或寒冷时分养。

三、鄱阳湖区加州鲈网箱生态养殖模式

1. 养殖条件

养殖区位于江西省都昌县境内鄱阳湖库湾沿岸水域，2008—2010 年在县城沙石码头附近，2011 年遭遇鄱阳湖百年大旱，水位降低，网箱移至湖中央的深水处。养殖区环境安静，水质清新，湖底平坦，淤泥较少，水深在 3 米以上。该养殖模式实际情况见彩图 25。

2. 网箱设置

养殖区内网箱总数 50 个，其中成鱼网箱 40 个，鱼种网箱 10 个。成鱼网箱用 9 股聚乙烯有结 10 号网片制成，鱼种网箱用 20 目的被网和无结网片制成。网箱规格为 4 米×8 米×2 米，入水深 1.5 米左右。网箱为敞口框架浮动式，采用 6 分镀锌管焊接网箱框架，呈网格状布置，排列方向与水流方向垂直，排与排之间设过道，上铺设木板以方便工作及行走，下面用铁桶作浮子。网箱整体采用抛锚及用绳索拉到岸上固定，可随湖水水位涨落而浮动。网箱迁移时，借助鄱阳湖水位变动可用拖船移动。

3. 网箱养殖

每年 4 月购入全长 3～5 厘米加州鲈夏花鱼种 30 万～32 万尾，先在鱼种网箱分级培育。因加州鲈鱼种生长快且具有相互残杀的习性，此阶段需做好过筛分养，通过将不同大小加州鲈鱼种分开饲养，可以减少鱼种相互蚕食，提高成活率。一般前期每隔 10 天左右，用网目尺寸为 0.35 厘米左右的鱼筛过筛分养；中期每隔 15～20 天，分别用网目尺寸为 0.6 厘米左右的鱼筛过筛分养；后期用网目尺寸为 1.1 厘米左右的鱼筛筛选后进行成鱼养殖。鱼种 50 克以上时生长差别减小，不再过筛，以免影响其摄食生长。加州鲈放养密度与鱼种大小成反比，鱼种规格 4～5 厘米/尾的放养 1 000～1 200尾/米^2；10～15 厘米/尾的放养 400～500 尾/米^2；成鱼养殖放养密度一般为 70～80 尾/米^2。成鱼养殖中，以加州鲈为主养鱼种，配养鱼根据当地消费习惯放养 2 千克以上大规格青鱼、草鱼，以充分利用残饵和网箱水体空间、净化水质为目的，不另投喂。

4. 饲养管理

加州鲈为肉食性的凶猛鱼类，食欲旺盛，生长迅速，上述模式饲养的加州鲈均投喂当地收购的野杂鱼，体重 50 克以下的鱼种，投喂冰鲜野杂鱼肉浆，每天早、中、晚投喂 3 次，约饲养 20 天后改为每天上午、下午共 2 次。随着鲈鱼逐步长大，体重在 50 克以上时改为投喂适口的鱼肉块，投喂量为体重的 5%～6%。定期检查加州鲈的生长情况，及时调整投饲量，并做好记录。

四、加州鲈与黄颡鱼混养模式

1. 养殖条件

对鱼塘进行干塘，回水之前，用 20 目的筛绢网间隔成 2 个 200 米^2 左右的小水体，一个准备用于培育加州鲈鱼苗，另一个准备用于培育黄颡鱼鱼苗。这些准备工作做好后回水 30 厘米，再按每 667 米^2 用 15 千克茶麸加 0.2 毫克/升的灭虫精进行全塘泼洒，杀灭鱼塘内的野生鱼、虾和寄生虫等。毒塘 2 天之后再用 60 目的筛绢网包住进水口回水至 1 米水深。然后进行培水，有机物较多的旧塘，一般不用再施肥，如果是新挖鱼塘，有机物少，需施发酵过的有机肥，使鱼塘水质保持嫩绿色，透明度保持在 25 厘米左右。

2. 苗种放养

毒塘 1 周之后，用鳙的鱼苗进行试水，试水没问题后即可放苗。放苗密度：加州鲈鱼苗规格为 2～3 厘米，每 667 米^2 可放养 8 000尾；黄颡鱼鱼苗规格为 2～3 厘米，每 667 米^2 可放养2 500尾。加州鲈和黄颡鱼小苗分别放入间隔成的小水体中精心培育。

3. 饲养管理

根据黄颡鱼和加州鲈各自不同的生活习性，不同的摄食和活动水层以及相似的食性，进行黄颡鱼和加州鲈混养，可充分利用鱼塘水体空间，提高投喂饲料的利用率和养殖效益。加州鲈鱼苗先用“水蛛”投喂 2～3 天，待其稳定之后用“水蛛”加鱼浆混合投喂，并逐渐过渡到投喂鱼浆，稍大一点后投喂切碎的冰鲜鱼粒；黄颡鱼鱼苗也是先投喂“水蛛”，待其稳定之后可直接投喂软性的人工配合饲料。当加州鲈鱼苗长致 10 厘米左右，黄颡鱼鱼苗大部分长至 12 厘米左右时，分别拆掉筛绢网进入大水体养殖。这样的好处是小水体可提高鱼苗的成活率，减少饲料的浪费，有利于促进养殖鱼类的生长，另外 2～3 厘米的加州鲈与黄颡鱼混养，加州鲈生长比黄颡鱼快，加州鲈会蚕食黄颡鱼鱼苗，造成黄颡鱼的养殖成活率大大降低。当黄颡鱼鱼苗长至 12 厘米以上时，跟加州鲈混养在一起，加州鲈已不能捕食大规格的黄颡鱼，一部分生长较慢的雌黄颡鱼，由于规格小，本应人为淘汰，但加州鲈可把生长较慢的雌黄颡鱼吃掉，还可减少人为操作造成的死亡。

五、加州鲈与河蟹混养模式

1. 池塘准备

鱼池的面积应选择 5 336 米^2 左右为宜，若面积过大，养殖管理不方便。池塘应选择在水源充足、无污染的地方，进、排水系统配套，池水深度达 1.5 米以上，坡比为 1∶2。池底淤泥深度不超过 10 厘米。

2. 清塘

冬季池闲时，对鱼池进行改造、清塘，若淤泥过深，可清除一部分。有条件的可对池底进行耕翻 1 次，然后进行药物消毒，每 667 米^2 用生石灰 75 千克，兑水后泼洒，杀灭野杂鱼和其他敌害生物。

3. 水草种植

若新开池，要种植水草，有效的办法是冬季从青虾池塘内适当移植部分已枯萎的水草，让其在春季自行繁殖生长。

4. 苗种放养

（1）蟹种放养 蟹种一般在气温为 10℃左右时放养，每 667 米^2 放幼蟹 400 只，规格在 160～200 只/千克。放养前必须采用药物浸泡消毒，消毒后再放入暂养区暂养，等水草长好后再养。

（2）加州鲈鱼苗的放养 一般在河蟹蜕 1 次壳以后才放加州鲈鱼苗，放养时间一般在 5—6 月，放养规格在 10 厘米左右。每 667 米^2 放养1 000尾，不可放养大规格的加州鲈鱼种，否则会影响河蟹成活率。

5. 饲养管理

（1）水质管理 应始终保持“肥、活、嫩、爽”，池水透明度掌握在 30 厘米左右。夏季高温季节，在水源好的情况下，加注新鲜水和适当换水。平时坚持使用光合细菌，在 6 月上旬第一次全池泼洒 20 毫升/米^3，以后每隔 25～30 天使用 1 次，用量为 10 毫升/米^3，以调节水质，使池水颜色为嫩绿色，使水中含有丰富的浮游生物。

(2) 合理投喂　在加州鲈放养前，池中保持一定量的水草。清明节前后每 667 米^2 一次性投放 300 千克螺蛳，让其自然繁殖，一方面可调节水质，同时产出的小螺蛳可供幼蟹摄食。

(3) 日常管理　在加州鲈放入之后，通过投喂动物性饵料驯化加州鲈，上午、下午各 1 次，由于大量投喂动物性饵料，有部分残饲剩余、下沉，而这部分正好作为河蟹的动物性饵料。在每天下午投喂河蟹，以玉米、小麦等植物性饵料作为补充。10 月，河蟹通过地笼诱捕，看市场行情，可立即上市，也可暂养在网箱、小塘内，适时上市。加州鲈至春节前后，分批上市。

第四章　加州鲈养殖实例

一、广东省佛山市深水池塘高产养殖模式

1. 广东省佛山市南海区九江镇养殖实例

广东省佛山市南海区九江镇南金村连片加州鲈养殖区的池塘布局和规格接近一致，大小为4 002米^2，水深达3.8米，每667米^{2}鱼塘放养加州鲈3.0万～3.5万尾，规格约为10克/尾，逐批上市，至翌年6月前捕捞上市完毕，平均每667米^{2}产量可达2 500～3 000千克，部分养殖户养殖效果更好的可达每667米^2 4 000千克以上。据统计，每养殖0.5千克加州鲈的成本为12～16元/千克，每667米^{2}平均利润1万元以上。

2. 佛山市顺德区勒流镇养殖实例

广东省佛山市顺德区勒流镇某个体养殖户的加州鲈池塘养殖总面积为3 535.1米^2、池塘水深达3米以上，配增氧机5台，2012年4月3日下塘15万尾水花，开塘成活约有5.3万尾，最终成活4.1万尾，另放养鲫和鳙3 000尾，在12月对加州鲈进行第一次捕大留小操作，出400克以上规格，共卖3 000千克，平均0.48千克/尾。到2013年5月为止，全部售出，共卖出加州鲈19 500千克和1 500千克其他混养鱼。估计饲料系数为4.1，每667米^{2}平均利润达1.5万元。

二、江苏省苏州市加州鲈池塘养殖模式

1. 江苏省苏州市松陵镇加州鲈养殖模式

(1) 当年养成商品规格模式　松陵镇新营村一位个体养殖户2012年养殖情况：4口塘总面积20 677米^2，6月8日放养体长6.2厘米加州鲈4.84万尾，每667米^{2}平均1 560尾；套养鲢2 600尾，每667米^{2}平均84尾；鳙600尾，每667米^{2}平均19尾；鲫6 000

尾，每667米^{2}平均190尾。当年底共收获加州鲈17 780千克，产值46.23万元，每667米^{2}平均分别为574千克和14 912.25元；其他鱼类6 690千克，产值7.36万元，每667米^{2}平均分别为215千克和2 373.87元。总产值53.59万元，总投入36.43万元，总利润17.16万元，每667米^{2}平均利润为5 535.48元。

(2) 2年养成模式　避开加州鲈年底集中上市和价格下跌，等待翌年价格上涨时再销售，如松陵镇一水产专业合作社2012年养殖情况：养殖6口池塘，总面积为28 681米^2，2012年5月18日放养体长5.8厘米加州鲈13.76万尾，每667米^{2}平均3 200尾；套养鲢4 000尾，每667米^{2}平均93尾；鳙860尾，每667米^{2}平均20尾；鲫7 000尾，每667米^{2}平均163尾。养至年底分塘，挑选出0.35千克以上规格的1.2万千克，约6.48万尾，分养到另外4口共22 944.8米^{2}池塘中继续养殖，0.35千克以下规格的8 150千克，约5.1万尾，分养到另外3口共19 076.2米^{2}池塘中继续养殖。2013年6—9月陆续将达到商品规格的加州鲈起捕销售，最后共收获加州鲈71 860万千克，产值243.07万元，套养的其他鱼类共收获12 687千克，产值12.18万元，总产量84 550万千克，总产值255.25万元。每667米^{2}平均产量为加州鲈678千克，其他鱼类120千克，产值鲈鱼22 931.13元，其他鱼类1 149元（按2年养殖总面积70 702米^{2}计），总投入172.46万元，总利润82.79万元，每667米^{2}平均利润7 810元。

(3) 主要养殖注意环节

①做好放养苗种的培育。加州鲈养殖成功的关键是苗种要好，只有培育出健康、规格整齐的优质加州鲈苗种，才能保证产出商品加州鲈规格，保证成活率高。

②优化放养模式。选择优质健壮、规格整齐（全长为7厘米以上）的加州鲈鱼种作为放养鱼种，每667米^{2}放养2 233尾。苗种放养前进行试水，池中浮游生物达到高峰时，是放苗的最佳时机。在鲈鱼池中套养鲫、鳙、黄颡鱼等其他品种，以提高饲料利用率。

③注重水质管理。成鱼养殖期间，由于大量投喂冰鲜鱼，水质

容易变坏，因此，调节水质显得特别重要，是保证加州鲈正常生长的关键。每周换水2次，每次换水20～30厘米。每3 335米^{2}鱼池配3千瓦增氧机1台。高温季节，每晚必开增氧机，防止浮头现象发生。

④做好病害防治。加州鲈病害不多，平时以预防为主，定期检查有无寄生虫和病害发生，对症用药。定期消毒，每隔半个月，用二氧化氯按每667米^{2}200克（水深以1米计），进行消毒杀菌，同时又改善水质。

2. 江苏省苏州市桃源镇个体养殖户实例

4口池塘面积分别为5 336米^2、6 003米^2、7 337米^{2}和8 004米^2，东西走向，池底平坦，淤泥少，水深1.8米。池塘水源充足、水质良好，无污染，进、排水方便，每个池塘均配有增氧机2台。冬季晒塘时，挖出池底过多的淤泥，加固池埂。放养前10天每667米^{2}用生石灰75～100千克彻底清塘后加水至80～100厘米，每667米^{2}投放150～200千克充分发酵的人畜粪便培育水质。饲养的加州鲈鱼种是自己精心培育的。4月从广东购进的鱼苗，经过1个月精心饲养，5月底挑选优质健壮、规格整齐的鱼种放入成鱼池养殖，平均每667米^{2}放养1 400尾，并在池中每667米^{2}混养鲢、鳙和黄颡鱼各20尾，以提高饲料利用率，改良水质。刚放养时停食1天后再驯化。每天投喂3次，以加州鲈停止吃食为止。9月以后水温下降时每日投喂1～2次。投喂的冰冻鱼做到新鲜不腐烂。由于大量投喂冰鲜鱼，水质容易变坏，养殖期间每周注水1～2次，10～15天换水1次，每次换水约占池水的1/3。换水后为防止红虫暴发引起水体缺氧，用伊维菌素杀虫1次。每半个月用1次微生态制剂氨基酸来改良水质。7—9月高温季节，根据天气情况合理开启增氧机，防止加州鲈浮头。加州鲈病害不多，平时以预防为主。只要做好水质管理，一般很少得病。平时做好日常巡塘工作，观察鱼群活动情况，一旦发生病害，对症用药。根据市场价格和加州鲈规格适时上市。9月底对规格达到0.45千克/尾以上的商品加州鲈及时起捕销售，降低池塘养殖密度和养殖风险。最后平均每667米^{2}产量为740千克，每667米^{2}产值为16 560元，每667米^{2}成本为8 830元，每667米^{2}效益为7 730元。

三、浙江省湖州市加州鲈池塘养殖模式

浙江省湖州市菱湖镇陈邑村是浙江省著名的加州鲈养殖专业村，该村加州鲈总养殖面积约为200公顷，每口池塘面积为3 335～6 670米^2，每667米^{2}放养加州鲈1 500～1 800尾，时间为5—6月，规格约为5厘米，同时适量套养河蟹、花䱻、鲢、鳙、黄颡鱼，充分利用水体的立体空间，提高鱼塘养殖效益，年底加州鲈平均出池规格可达到300克以上。据统计，每667米^{2}可收加州鲈750～800千克，加上混养品种，平均每667米^{2}利润可达7 000元以上。

四、湖南省益阳市加州鲈养殖模式

湖南省益阳市南县凯利水产养殖有限公司养殖情况：2口池塘，每口池塘面积均为8 004米^2，水深2米左右，配备增氧机。2010年5月24日，每口池塘投放加州鲈2万尾，规格为13克左右，并套养少量鲢、鳙和黄颡鱼。饲料以投喂冰鲜鱼为主，适量添加水产专用维生素C和复合维生素。2011年4月12日，分池起捕，养殖时间近11个月，共收获1.32万千克加州鲈，成活率约为95%，饲料系数为5.2，总产值为68.72万元，总投入34.8万元，每667米^{2}平均利润为1.4万元。

五、加州鲈网箱养殖模式

1. 江苏省吴江市平望镇养殖实例

江苏省吴江市平望镇庄西漾利用大水面发展网箱生态养殖加州鲈，网箱面积为250米^2（3口），2003年5月21日购进加州鲈苗种9 000尾，刚购进箱的加州鲈小苗，投喂的饲料为冰鲜鱼肉浆，每天投喂4次，分别为07：00、10：00、14：00、17：00，约饲养20天后改为每天早、中、晚投喂3次。随着加州鲈逐步长大，以投喂适口鱼块为主，每天2～3次，投喂量为鱼体重量的5%～

6%。经1年的饲养后，分别在2004年5月3日和6月11日全部上市，成活率为85%。经统计，总产量为3 076.5千克，每平方米产量为12.3千克，产值48 050元，利润为19 925元。

2. 四川省简阳市龙泉湖网箱养殖实例

据2007年对四川省简阳市龙泉湖网箱养殖加州鲈的调查发现，当地养殖户采用网箱的规格为5米×5米×3米，放苗时间为5月，总量为6 000尾左右，规格为10厘米左右，投喂配合饲料，刚开始每天投喂多次，后期为每天2～3次，翌年2—7月期间上市，每平方米平均产量为20～28千克，产值为500～700元，获纯利350～450元。

3. 辽宁省丹东市宏远水产养殖公司养殖实例

辽宁省丹东市宏远水产养殖公司在凤城市土门子水库进行了加州鲈网箱养殖试验，网箱为单层，采用聚乙烯网片缝合而成，规格为5米×5米×2米，网目尺寸为3厘米。加州鲈鱼种是2002年培育，经过越冬后于2003年4月21日入箱，共1 000尾，规格为85克，放入2只网箱，每箱500尾。用解冻过的海水小杂鱼投喂加州鲈。截至10月27日2口网箱共捕出加州鲈920尾，重441.6千克，平均产鱼4.41千克/米^3，平均尾重480克/尾，成活率达92%。总产值为22 963.20元，每箱产值11 481.60元，总成本为9 624.60元，每箱利润6 669.30元。

六、加州鲈和黄颡鱼混养模式

1. 江苏省溧水县养殖实例

江苏省溧水县2011年养殖实例：池塘面积为6 670米^2，水深1.5米，池底淤泥深20～30厘米，池塘东西向，背风向阳，呈长方形。池塘水源充足，水质清新、无污染，进、排水通畅。放养前经过清整、冬季曝晒，每667米^{2}池塘用60千克生石灰兑水化浆后全池泼洒，7天后注水，每667米^{2}池塘施用发酵粪肥80千克。加州鲈鱼苗经驯化后放养，时间在5月中、下旬，水温达到18℃，放养规格为6～8厘米，每667米^{2}放养2 000尾；6月每667米^{2}放养3～5厘米黄颡鱼苗种1 200尾，另外，每667米^{2}放养鲢80尾、鳙20尾。苗种要求体质健壮、鳞片完整、规格均匀、无伤病，放养前用3%～5%的食盐溶液浸浴15分钟后再下塘。投喂海水冰鲜鱼，每天投饲2次，定点、定时投喂，即08：00—09：00和16：00—17：00，日投饲量为鱼体重的4%～8%。根据天气、水温、水质及鱼的吃食情况，决定投喂量，每周调整一次投喂量。黄颡鱼不另投饲料。养殖效益分析：加州鲈每667米^{2}产量为750千克，黄颡鱼每667米^{2}产量为54千克，鲢、鳙共156.5千克，产值为1.8万元，每667米^{2}利润为0.5万元。

2. 广东省佛山市顺德区养殖实例

广东省佛山市顺德区乐从镇一位个体养殖户的5 336米^{2}鱼塘投放加州鲈鱼苗5万尾，黄颡鱼鱼苗2万尾，经过1年的养殖，产出加州鲈2万多千克，黄颡鱼0.3万多千克，黄颡鱼规格在0.25千克/尾以上，取得了良好的经济效益。

七、加州鲈和河蟹混养模式

1. 浙江省湖州市菱湖镇养殖实例

浙江省湖州市菱湖加州鲈专业合作社一位养殖户的养殖实例如下：池塘清整、消毒、清淤、护坡，在苗种放养前1个月，每667米^{2}用生石灰65千克，兑水化浆后全池泼洒，以改善池塘底质和杀灭病菌。池塘四周要做好防逃设施，材料用加厚薄膜，埋入土中25厘米，高出埂面50厘米，每隔50厘米用木桩或竹桩支撑，四角做成圆角，防逃设施内留出1～2米的堤埂。池塘中种养少量的水草，可提供河蟹栖息、避敌的场所，同时起净化水质的作用，还可作为青饲料的来源，提高河蟹的成活率，促进生长。水草过多时应及时割除，以防缺氧和水质恶化。4月初放养河蟹苗，水温在4～10℃，避开冰冻严寒期。每667米^{2}放养300只，规格为200只/千克，选择蟹体健壮、规格整齐、无断肢、无病斑的个体。同时套养适量的鲢、鳙鱼种，每667米^{2}池塘放养1龄鲢鱼种20尾、鳙鱼种50尾，鱼种规格为20～30尾/千克，用以调节水质，减轻蓝绿藻的繁殖程度。5月中旬放养加州鲈鱼苗，规格为5厘米，每667米^{2}放1 800尾。鱼种选择健康无病、规格整齐的个体。加州鲈、河蟹混养所投喂饲料以冰冻鱼为主；河蟹主要是利用加州鲈吃剩的残饲，不另投河蟹配合饲料。每天投饲3次，分别为08：00—09：00、12：00—13：00、16：00—17：00，日投饲量为鱼体重的5%～8%。并根据水质、天气及吃食情况灵活掌握，及时调整。2 001米^{2}配备1.5～3.0千瓦增氧机1台。7—9月，每半个月施用生物制剂（如“底改净”等）1次，以改善水质，分解水中的有机物，降低氨氮、硫化氢等有毒物质的含量，保持良好的水质，减少病害的发生。7—9月的3个月全池泼洒渔用二氧化氯消毒剂3～4次，使用剂量为每667米^{2}每米水深60～100克。二氧化氯不仅能杀灭水中细菌、真菌、病毒，还具有良好的灭藻、增氧、除臭、降解有机污染物等改善和净化水质的功能；对河蟹的细菌性疾病、水霉病等有显著的预防效果，且不产生抗药性。加州鲈与河蟹混养，是以生态防病为主，药物治疗为辅。日常管理坚持每天巡塘，观察水质和鱼、蟹的生长活动情况。7—9月，晴天中午开增氧机2～3小时、防止缺氧。

养殖效益分析：2010年加州鲈商品鱼产量为4 739千克，成活率为92%，出池规格为0.45千克/尾，平均售价为24元/千克，产值113 736元，鱼种产量为789千克，平均规格为0.28千克，平均售价为16元/千克，产值为12 624元，加州鲈产值共126 360元。河蟹产量为200.2千克，成活率为70%，出池规格为125克/只，平均售价为60元/千克，产值为12 012元；鲢、鳙产量为1 733千克，成活率为98%，出池规格为3.2千克/尾，平均售价为7.2元/千克，产值为12 478元。以上总产值为150 850元，总利润57 709.5元，每667米^{2}平均利润7 494.7元。

2. 江苏省吴江市松陵镇养殖实例

江苏省吴江市松陵镇利用加州鲈养殖池塘套养河蟹，有利于河蟹清除加州鲈吃剩的残余饲料，降低加州鲈的病害发生率，也增加了池塘养殖经济效益，鱼池的面积以5 336米^{2}左右为宜，若面积过大，不方便加州鲈的养殖管理。水源要求充足，无污染，进、排水系统完善，池水深度达 1.5 米。池底淤泥深度不超过 10 厘米。先放养蟹种，放养时间在 2—3 月，气温在 10℃左右，每 667 $米^2$ 放长江水系幼蟹 400 只，规格在 160～200 只/千克，先放入暂养区内暂养，等养殖区里水草长好后再放养。一般在河蟹蜕 1 次壳以后才放加州鲈鱼苗，放养时间 5—6 月，放养规格为 8～10 厘米，每 667 $米^2$ 放养量为1 000尾，切忌放养大规格的加州鲈鱼种，会对河蟹生长不利，影响其成活率。这种养殖模式每 667 $米^2$ 可产加州鲈 450 千克，产河蟹 27 千克。虽然加州鲈的饲料系数未降低，但河蟹的饲料系数大大降低，为 2.7，而且河蟹的规格达 150 克。

八、加州鲈与罗非鱼混养模式

福建省尤溪县溪尾乡水产站利用主养罗非鱼池塘中混养少量加州鲈来控制罗非鱼的过多自繁，使混养中多余的罗非鱼被加州鲈所利用，增加了池塘整体效益，是一种能取得较好效益的养殖方式。为了保证罗非鱼不被加州鲈捕食，罗非鱼放养规格应在 8 厘米以上，而池中其他的混养鱼种应在 150 克以上，加州鲈放养时间最好比罗非鱼迟 1 个月左右，而放养加州鲈规格应在 3～5 厘米，放养密度视池塘条件及饲料多寡而定，一般每 667 $米^2$ 可放养 50～80 尾，但不要同时混养偏肉食性的鱼类，如乌鳢、大口鲇等。等到罗非鱼收获上市时，平均每 667 $米^2$ 增收加州鲈 21 千克，每 667 $米^2$ 较无混养加州鲈的池塘增加效益 285 元。混养加州鲈主要是利用主养塘中自繁的罗非鱼以及自然繁殖的小野杂鱼和水生昆虫等天然生物饵料，养殖中期一般不需要投喂饲料，但到后期如果塘中生物饵料贫乏或放养数量过多，不能满足其生长的需要时，可向池中投放一批小野杂鱼让其繁殖后代，以保证加州鲈每天都有充足的饵料鱼。

九、加州鲈苗种培育技术

四川省绵阳市某鱼苗场进行加州鲈苗种培育的实例如下：5 月

10日在自繁的加州鲈鱼苗池中捞捕全长1.0～1.5厘米的鱼苗19 200尾，5月18日捞捕20 480尾，每批放入2口25米^{2}左右的水泥池中，每平方米放养量分别为375尾（5月10日）和400尾（5月18日）。驯食方法是将水蚤（以枝角类、桡足类为主）拌入碾碎并用水泼湿的鲈鱼苗种专用颗粒饲料（粗蛋白质含量高于42%），第一天水蚤与饲料湿重比例为5∶1，第二天即逐渐减少水蚤拌入量，增加颗粒饲料量，第三天将水蚤与饲料湿重比例调整到（1～2）∶1，第四天水蚤与饲料湿重比例约为1∶2，第五天水蚤与饲料湿重比例约为1∶5，第七天不再拌喂水蚤，全部投喂人工配合饲料。驯食饲料拌和后要求达到“手握成团，手捏即散”的效果。颗粒饲料需先碾磨成较细的破碎料或粉料，投喂前用水泼湿。前期（第1～2天）日投饲次数为5次，后期（第3～7天）为3次。日投饲量（以湿重计）根据鱼摄食情况、天气、水质等而定，一般掌握在8%～10%。在整个驯食过程中均定点在池塘一角投饲，并辅以在投饲前敲击池壁等发出响声，形成条件反射，使鱼苗能迅速集中到投饲点，增强驯食效果。驯食结果为两批苗种均经7天驯食即全部转食人工配合饲料（颗粒饲料），鱼苗规格达到全长2.0～2.6厘米/尾，体质健壮，规格整齐。第一批（5月10日至5月16日）成活18 436尾，成活率达96%；第二批（5月18日至5月24日）成活19 497尾，成活率为95.2%。两批平均成活率达95.6%。

第五章　加州鲈上市和营销

第一节　捕捞上市

一、捕捞

由于南方地区养殖周期长，加上加州鲈生长较快，当年繁殖的鱼苗就能长到0.5千克以上，达上市规格，因此，每年的9月开始就可从池塘中捕获部分达上市规格的加州鲈进行出售，其余的继续培育，养殖1～2月后再捕获池塘中绝大部分出售，其余少量小规格的可继续养殖。北方地区加州鲈养殖到9月初，小部分规格已达每尾0.45千克，市场正是鲈鱼空缺的时机，隔年老口加州鲈销售已近尾声，新养殖加州鲈还没有开始大量上市，抓住这一有利时机主动上市，就可获得较好的价格，同时又降低了池塘密度，加快了存塘鱼的生长。加州鲈采用拉网捕捞，即在池塘两边的某一处放下拉网，进行成鱼捕捞。为保证运输过程中鲈鱼的成活率，捕捞时操作要格外小心。捕捞前，加州鲈停食1～2天，同时要适当降低池塘水位，再用疏网慢拉捕鱼。

二、暂养和运输

加州鲈的销售方式可以分为鱼苗或苗种销售、成鱼销售、亲鱼销售以及加工销售，不同地区的销售方式分别对应鱼苗运输、亲鱼运输和商品鱼运输等，分别介绍如下。

1. 鱼苗运输技术

一般使用塑料袋充氧运输，装鱼时要求动作轻快，尽量减少对鱼苗的伤害。通常要注意以下几个环节：一是选袋，选取70厘米×40厘米或90厘米×50厘米的塑料袋，检查是否漏气。将袋口敞开，由上往下一甩，并迅速捏紧袋口，使空气留在袋中呈鼓胀状态，然后用另一只手压袋，看有无漏气的地方。也可以充气后将袋浸入水中，看有无气泡冒出。二是注水，注水要适中，一般每袋注水1/4～1/3，用塑料袋运输时，以鱼苗能自由游动为好。注水时，可在塑料袋外再套一只相同规格的袋，以防万一。三是放鱼，按计算好的装鱼量，将鱼苗轻快地装入袋中，鱼苗宜带水一批批地装。四是充氧，把塑料袋压瘪，排尽其中空气，然后缓慢装入氧气，至袋鼓起略有弹性为宜。五是扎口，扎口要紧，防止水和氧气外流，一般先扎内袋口，再扎外袋口。六是装箱，扎紧袋口后，把袋子装入纸箱或泡沫箱中，也可将塑料袋装入编织袋后放入箱中，置于阴凉处，防止曝晒和雨淋。

运输的密度应与当时当地的气候情况、水温、运输时间及规格等因素结合起来考虑。水温在15～20℃时运鱼最好，如必须在冬季运鱼苗，一定要注意保暖，水温过低，会使鱼苗冻伤。若在夏季运输，可在塑料袋外加冰块降温，效果颇佳。塑料袋规格为70厘米×40厘米，注水量为7～8升，每袋可装运1厘米鱼苗4 000～5 000尾；2厘米鱼苗1 000～1 200尾；3～4厘米的鱼种600～800尾；7～8厘米的鱼种300～500尾，可保证5小时内成活率达90%左右。

2. 亲鱼运输技术

由于加州鲈背鳍硬而尖，给运输带来了一定的困难，因此，一般都采用帆布捆箱运输，即将一块大帆布放置在汽车车厢内，周围扎紧后加水，一般每10千克水可装运2.5千克加州鲈亲鱼。要注意调节水温、溶解氧和保持水质良好。加州鲈亲鱼运到目的地后，应用食盐对鱼体进行严格消毒，然后再放入水质清新、溶氧量高的池塘中进行精心培育。

3. 商品鱼运输技术

加州鲈出售活鱼时为提高运输过程中的成活率，需注意以下几个环节。

(1) 捕捞出售 捕捞前，要适当降些水位。捕捞时，用疏网慢拉捕鱼。捕捞时间适宜为早上，气温不要太高。用水车装运至打包场，一般每车可装1 500千克，必要时需加冰控温，温差相比池塘水温不宜超出 5℃，运输途中充风氧或纯氧，可保证运输时间为 2～3 小时。

（2）商品鱼打包　①卸鱼动作要快，称鱼时尽量带水操作，以免损伤鱼体，且动作要快；②长途运输前必须暂养，目的是尽量排清粪便，降低运输途中氨氮含量，一般暂养时间为 8～10 小时；③由于暂养后的加州鲈体力恢复，活动能力强，装箱前需进行麻醉，用大型塑料袋充氧打包，打包适宜温度为 7～18℃，装运包宜重新加注新水，如果天气气温高还要用包冰的塑料袋放置在箱内，以达到控制温度的作用；④泡沫箱装运加州鲈活鱼，一般箱体规格约为 50 厘米×40 厘米×35 厘米，放鱼量为 1 千克水对应装 1 千克加州鲈，每箱打包鱼量约为 15 千克，而死鱼打包量一般为 15～25 千克，加冰运输。

（3）运输及市场卸货　运输途中要注意水质、水温的变化，主要看水是否变浊和是否有死鱼，如有问题，应立刻就近换水加冰。市场卸货前，应测量箱内水温与卸鱼鱼缸的水温，如温差超过 5℃，不宜立即卸货。卸载时动作要迅速，尽量避免鱼缺氧时间过长。目前的汽车运输技术可保证 80 小时以内存活率达 95%以上（彩图 26）。

三、均衡上市

加州鲈的收获遵循“捕大留小、轮捕轮放、适时上市”十二字方针。池养加州鲈放养密度较大，容易出现大小差异，应及时捕出大规格商品鱼，减小密度，促进小规格鱼快速生长。一般高产加州鲈池塘全年宜轮捕 4～5 次，如放养密度较小，可在养殖过程中，适当补充部分较大规格的加州鲈鱼种，特别是每年 11—12 月，加州鲈价格较低时最为适宜。混养鱼类（特别是鲫），也可通过轮捕轮放的方式，提高产量。通过以上措施，既可提高全年塘鱼产量，又可通过商品鱼均衡上市，降低养殖风险，有效提高经济效益。

加州鲈以味美著称，相对于鲫、草鱼等淡水鱼类，市场价格相对较高。经过多年的市场调整，目前加州鲈的供求平衡，市场价格基本趋于稳定。近年来每 0.5 千克基本维持在 18～25 元，每尾 400 克左右的加州鲈 2014 年 7 月 14 日报价为 42元/千克。从养殖成本来说，虽然加州鲈养殖成本相对常规鱼来说，要高一点，但从饲料角度分析，加州鲈比其他肉食性鱼类如鳜更有优势。从目前生产来看，每 0.5 千克加州鲈的养殖成本不超过 10 元，因此，只要收购价在 10 元以上养殖户都不会亏本。

第二节　市场营销

一、信息的收集和利用

采集的数据参数包括从业人员、放养面积、苗种投放、品种构成、生产投入、销售量、产品价格、销售额、疾病灾害等。为了更加深入地反映出渔业生产的内部规律，如生产成本的走势、市场价格的走势、生产盈亏趋势、产品质量及渔民收入等情况需要进一步分析。延伸数据主要是根据原始数据进行科学合理的推算得出的结果（二级数据），如劳动生产效率、生产投入产出比、渔均收入、渔均管理池塘面积等。通过延伸分析，能够较好地了解渔业生产内在规律，把握渔业经济和市场运行的内涵，为领导决策提供有力的依据和支撑。利用网络是收集加州鲈养殖信息的一种主要方式。例如，互联网上刊登的珠江三角洲地区加州鲈养殖技术和行情浅析的文章，分析了加州鲈市场走势，从鱼价、鱼苗价格、冰鲜鱼价格三个方面进行了详细的概述，为养殖户的养殖生产提供了参考。

二、鲜活产品的市场营销

大口黑鲈被老百姓称为加州鲈，名字很好听，其外部形状也与我国人民传统的鱼形观念相符合，加之售价较低，属于中档偏低的消费区间的鱼类，适合家庭和普通饭店消费。在消费市场中作为鳜、大菱鲆、翘嘴红鲌等高档鱼类的替代品，加州鲈价格比以上鱼类低很多，具有一定的市场竞争力。加州鲈在各地的消费习惯略有不同，以北京、郑州为代表的北方市场以消费0.5千克以上的大规格加州鲈为主，主要用于饭店的消费；而上海、江苏、浙江、陕西等地以消费400～500克规格的加州鲈为主，且以家庭消费为主。在饮食方面，广东偏爱清蒸加州鲈，江苏、浙江和北京偏爱做糖醋鱼和焖鱼。珠江三角洲地区的加州鲈商品鱼除了少量供应本地市场外（5%～8%），绝大部分销往北京、西安和郑州的水产品市场以及上海的水产品市场。近年来，由于江苏、浙江一带养殖加州鲈的产量逐年增加，其商品鱼主要供应南京、杭州和上海的本地水产品市场，少量也销往北方的北京和西安等地。

三、开发加工产品以及市场拓展

目前加州鲈商品鱼产品主要是以活鱼方式销售，少量以冰冻鲜鱼形式销售，还未出现加州鲈深加工产品。

四、综合养殖和综合经营的实行

在加州鲈综合养殖和综合经营方面可以通过成立加州鲈专业合作社，提升产业组织化程度，培育市场竞争主体，逐步实行统一品种、统一标准、统一服务、统一销售、统一品牌的经营管理模式，扩大销售份额；加大宣传，提升加州鲈品牌效益，提高产品销售附加值。

五、产品经营实例

1. 江苏省吴江市平望顾扇渔业合作社加州鲈经营实例

下面以江苏省吴江市平望顾扇渔业合作社为例子阐述加州鲈养殖和产品营销的实例。平望顾扇渔业合作社成立于2005年，为苏州市养殖规模最大的一家渔业生产合作社，主要从事水产品养殖和经销。合作社成立之初，社员只有8户，养殖面积33.33公顷。后来合作社社员发展到108户，养殖面积达到238.67公顷。该合作社按照“生产在家、服务在社、有统有分、统分结合”的原则进行生产销售，合作社成员的平均收入较入社前增长了20%。合作社在经营上实现了四个统一：一是统一供种。合作社统一从广东引进优质的加州鲈鱼苗，不仅价格相对低廉，而且质量上有了保证，从而降低了养殖户的成本。二是统一进行技术指导。合作社聘请大专院校的专家，每年定期来合作社举办讲座，养殖户统一按无公害标准生产。同时，村里的大学生村官经常为养殖户免费检测水质，使养殖户能及时控制水质，减少了鱼类病虫害的发生。三是统一供应饲料。加州鲈的饲料是海杂鱼，平望顾扇渔业合作社专门建造了冷库，海杂鱼运来后，该合作社为养殖户垫付饲料款，养殖户只需自己解决池塘租金和电费就可以开展养殖，等到销售后再将饲料款归还给合作社，由此大幅度降低了养殖成本，仅此一项，平望顾扇渔业合作社每年就要为养殖户垫付1 000多万元的费用。四是统一销售。所有产品全部由村里成立的绿丰农业有限公司负责销售，统一销售价格，避免了因无序竞争而损害养殖户自身利益。该合作社养殖基地生产出来的加州鲈经注册和认定为无公害产品"绿丰牌"加州鲈，成为苏州市名牌产品、江苏省省级名牌产品。2008年，"绿丰牌"加州鲈又以其高品质，被2008年北京奥运会选用。

2. 浙江省湖州市南浔区菱湖镇陈邑村加州鲈经营实例

浙江省湖州市南浔区菱湖镇陈邑村是一个典型的江南渔业村，有鱼塘面积266.67公顷，80%的农户从事水产养殖。该村自2001年开始将农户的承包土地以入股的形式流转，由村统一规划、施工，开展老鱼塘改造，建成266.67公顷的水产园区。改造鱼塘后，该村以加州鲈养殖为特色，取代了"四大家鱼"养殖的传统方式，并成立陈邑加州鲈生产专业合作社，注册"陈邑"牌商标，率先开展加州鲈的产地编码、吊牌进超市销售，实现了产品质量的可追溯，并于2011年9月被农业部认定为"全国一村一品示范村镇"。陈邑加州鲈生产专业合作社在经营上采取统一养殖品种、统一饲料供应、统一贷款申请、统一技术培训、统一防疫保健、统一品牌打造的"六统一"方式，使之成为当地现代农业的区域优势产业。据统计，2011年全村实现加州鲈产值超亿元，人均渔业收入10 000余元。

3. 江苏省溧水县天林水产养殖专业合作社加州鲈经营实例

江苏省溧水县天林水产养殖专业合作社是由溧水县石湫镇团结圩、花溪圩、胜利圩三大水产养殖场的承包户自发组建的农民专业合作社，该合作社现有社员50多户，注册资金300余万元，养殖面积达240公顷。2012年，合作社生产的各类水产品达3 300多吨，产值8 000多万元，养殖户户均增收5万多元。溧水天林水产养殖专业合作社生产的“银水湾”水产品，通过无公害农产品认证，该合作社主养品种“银水湾”加州鲈获得2012年度“江苏名牌产品”证书。

第三节　与加州鲈相关的优秀企业

1. 佛山市南海百容水产良种有限公司

广东省佛山市南海百容水产良种有限公司是一家专门繁殖、培育良种鱼苗的水产科技公司，是广东海大集团的子公司。该公司总部位于广东省佛山市，在广东、江苏、湖北等地拥有21个鱼苗基地，池塘总面积800公顷，年可生产加州鲈、草鱼、黄颡鱼、鲫等良种鱼苗7 500亿尾。规模和产量位居同行业第一。该公司的鱼苗主要是通过经典遗传育种、基因工程育种、雌核发育育种等方式选育的优良品种。

2. 广东何氏水产有限公司

广东何氏水产有限公司是集水产养殖、水产品暂养和物流配送为一体的广东省农业龙头企业，目前设有质量检测中心、分级筛选、水质处理、低温暂养、自动化包装生产车间，配备系统和运输供氧设备，配送网络遍及北京、上海、福州、南京、郑州、西安、昆明、成都、长沙等40多个城市及港、澳地区。广东何氏水产有限公司是我国市场辐射最广、规模最大的水产品优质活鱼物流企业，曾获得佛山市南海区科技进步奖一等奖、佛山市科学技术奖一等奖、广东省科学技术奖三等奖。该公司通过不断完善现代企业管理制度，逐步实现规范管理，时刻关注农户利益、关注食品质量安全。另外，充分利用社会资源，加快公司核心技术的开发，该公司与科研院所合作，利用他们先进的科研装备条件来加快技术的开发步伐，如与中国水产科学研究院珠江水产研究所、佛山市科学技术学院开展全面的战略性合作，在淡水鱼养殖、暂养、配送、销售过程中对质量控制关键技术进行攻关。在国家优惠政策的扶持下，该公司有能力实现高效低耗、调节灵敏、产销稳定、渠道畅通、质量安全的现代水产品流通体系，以创建我国现代化水产品物流知名品牌。

3. 佛山市三水白金水产种苗有限公司

广东省佛山市三水白金水产种苗有限公司位于我国广东省佛山市三水区，专业生产、开发、改良名优水产种苗，全力为客户提供健康、绿色、优质、稳定的种苗，并满足客户养殖过程中对水产投资规划，养殖技术、养殖管理、行业信息等的需求。该公司与多家水产研究院所开展技术合作，采用先进的遗传育种理念，严谨认真的标准化流程生产管理，确保生产的种苗优质稳定。下设佛山三水、南海及韶关 3 个生产基地，其中佛山三水、韶关基地主要生产加州鲈、“白金”牌尼罗系列罗非鱼，繁育水面 26.67 公顷；佛山南海基地主要生产加州鲈、鲫、杂交生鱼等苗种。

4. 湖州市湖旺水产种业有限公司

浙江省湖州市湖旺水产种业有限公司位于浙江省湖州市吴兴区东林镇保健村，濒临太湖南岸，该公司占地面积 40 余公顷，其中亲本培育池 13.33 公顷，鱼塘等鱼种培育池 20 余公顷，产卵、孵化设施1 500米^3，室内育苗车间 500 米^3，可年产各类鱼苗 10 亿尾，夏花鱼种 5 亿尾，是浙北地区最大的特种水产苗种繁殖基地。该公司繁育的特种水产苗种品种齐、质量优、成活率高。可常年供应的主要品种有：加州鲈、黄颡鱼、花䱻等的苗种。

第二部分　梭　鲈

第六章 梭鲈养殖概述和市场前景

第一节 梭鲈养殖生产的发展历程

梭鲈养殖起源于19世纪90年代的芬兰，当时主要是池塘育苗投放到湖泊，每年只有数千尾的增养殖数量。到20世纪70年代，梭鲈的养殖业才得以发展，许多欧洲国家采用池塘中天然饵料培育鱼苗的方法（因梭鲈鱼苗以活饵为食，不易接受配合饲料）进行养殖，因而限制了苗种和成鱼的生产。进入20世纪80年代，欧洲一些国家的水产工作者试图以配合饲料培育鱼苗，并欲采取集约化的养殖方式进行苗种和成鱼的生产，但没有获得成功。1981—1983年，芬兰的水产工作者于梭鲈的繁殖季节捕获亲鱼，采用肌内注射催产药物方法进行人工繁殖，产卵率达25.0%～37.5%。德国水产工作者在富营养化的湖泊中放养梭鲈，有效地控制了低价鱼类的种群数量，同时还在梭鲈体内、体表以及鳃上发现20多种寄生虫，并尝试探讨该病的防治技术和方法。

1985年，我国水产工作者在黑龙江发现梭鲈，经研究被确定是由Khanka湖进入的。新疆维吾尔自治区水产科学研究所最早于1957—1958年将梭鲈移殖到伊犁河—巴尔喀什湖水系和额尔齐斯河水系。新疆维吾尔自治区福海县的布伦托海的梭鲈是“引额济海”水渠开通后随河水进入的。自20世纪70年代至今，卡普恰加依水库、乌伦古湖、伊犁河、额尔齐斯河和布伦托海等水域相继都有一定的捕捞量。新疆维吾尔自治区福海县水产技术推广站于1992年获得梭鲈人工繁殖成功，并将鱼苗推广到北京、天津、湖南、河北、湖北、江苏、安徽、山东、辽宁、广东等地试养。同时，对梭鲈鱼苗在人工养殖条件下驯化投喂人工饲料以及商品鱼养殖的研究也在逐步进行，初步发现在人工养殖条件下梭鲈可以摄食配合饲料。

北京市水产科学研究所1995年5月引进梭鲈鱼苗，当年进行了食性驯化的初步研究，经100余天的喂养，出塘平均体长达7.54厘米，平均体重达2.47克；该所又于同年10月引进亲鱼，1996年4月进行梭鲈的人工繁殖试验，并获得成功，经50余天的苗种强化培育，出塘鱼苗平均体长达8.0厘米，平均体重达4.0克。

广东省气候温和、生态环境优越，水库、池塘星罗棋布，淡水养殖水面广阔，养殖品种繁多，养鱼历史悠久，技术经验丰富。梭鲈在水温达8～12℃时即可进行繁殖。广东地区梭鲈繁育期在2月，清明节前后为其投苗高峰期，年底即可养成0.5千克左右的商品鱼供应市场，塘头价为70～90元/千克。梭鲈是典型的冷水鱼，主要养殖模式有深水池塘（2.5米水深）养殖、水库网箱养殖。单养或与大规格“四大家鱼”混养，以单养为主。每667米^{2}放养量可达2 000～3 000尾。养殖地区主要集中在清远和佛山的顺德、南海等地。

江苏省因水温较低，2年才能养至商品规格，由于当地鳜可采用混养方式提高养殖效益，因此，相对于鳜，梭鲈在当地的养殖规模较小，塘头价为50～60元/千克。梭鲈养殖成本随饵料鱼的价格波动而波动，在32～40元/千克。

第二节 梭鲈养殖现状和市场前景

一、我国梭鲈养殖产业现状

梭鲈肉质细嫩，无肌间刺，蛋白质含量高于一般鱼类，肌肉厚实，富含人体必需的钙、磷等微量元素，是淡水鲈鱼中最美味可口的品种之一，切片加工成冻鱼，在欧盟各国，很受市场青睐，因此，发展梭鲈的人工养殖具有广阔的市场前景。

目前梭鲈仅在山东、河北、广东等地有少量苗种场孵化，苗种量不多，养殖面积也不大。养殖集中在河北、天津、江苏、湖南、湖北和广东等地，主要养殖模式为池塘养殖，可套养黄颡鱼、鳙、鲫等品种。在珠江三角洲地区，梭鲈养殖10个月到1年可达0.5千克以上的上市规格。

广东省主要在顺德和南海等地有部分养殖。优质鱼种数量每年基本控制在50万尾以下，成鱼出塘价格稳定在70～90元/千克，1千克以上规格可达100元/千克。梭鲈近年在广东地区年总产量只有30万～35万千克，只供周边地区的高档酒店、结婚喜宴等消费。销售时通过小鱼贩，一次采购500～1 000千克鲜活销售，不过目前的产量远远无法供应市场强大的需求。梭鲈是喜欢生活在清新水质的肉食性鱼类，自然界中一生只吃鲜活的小鱼、小虾（人工养殖条件下可摄食配合饲料），肉质非常鲜美，是做生鱼片的极佳品种（比鲕还要好吃、爽口），清蒸时比鳜还要鲜嫩。梭鲈若能够按健康高效养殖方式养殖，将受到更多食客追捧。若可以批量供应市场，打开香港、澳门、北京、上海等大市场，估计价格会在120元/千克以上。而目前梭鲈的养殖成本不超过32元/千克，利润空间极大。

二、存在的主要问题

尽管目前梭鲈在国内养殖的发展较快，养殖利润也比较高，但随着生产的发展和国内市场的变化，梭鲈的养殖也存在着一些问题，主要表现在以下几个方面。

1. 缺乏梭鲈鱼苗

目前全国不少地区养殖梭鲈，但该鱼仅在山东、河北、广东等地有少量苗种场孵化。由于梭鲈鱼苗不足，使得一些养殖水面放苗量不足，或转为放养其他价值不是很高的品种，严重影响了产量。种苗缺乏的原因，主要有以下几点。

第一，缺乏苗种培育需要的开口饵料。梭鲈的开口饵料主要是轮虫，而淡水培育轮虫目前主要是通过肥水，肥水效果不是很稳定，在实际生产中不太容易控制，影响了1厘米苗发育至3厘米苗的存活率。

第二，梭鲈苗种相互残杀严重，制约了苗种的发展。3厘米左右的梭鲈苗相互蚕食，而且鱼苗口径小，吞不下太大的活饵料，一旦水体中饵料缺乏或者不足时，鱼苗之间相互蚕食的现象更为严重，影响了苗种培育的成活率。

第三，地区间气候的差异导致了苗种地区间的不平衡。北方地区因为温度较低，饵料生物的培育相对困难一些，因为活饵料供应不足而限制了梭鲈在北方的养殖。

2. 缺乏专用配合饲料

配合饲料是按动物营养需要的特点，工业化加工生产的一类新型、商品复合饲料。一般来说，配合饲料配方科学，营养完全，使用配合饲料投喂，可以缩短饲养周期，提高产品产出率。配合饲料要求采用最新的营养科学的研究成果设计配方，最大限度地提高饲料转化效率。养殖动物的饲料费在动物养殖成本中占70%～80%，使用配合饲料则可大幅度降低成本。但由于目前梭鲈的养殖时间不长，对梭鲈营养需求方面的基础研究缺乏，同时，生产出的配合饲料成本偏高而且针对性不强，制约了梭鲈养殖业的健康发展。因此，对梭鲈人工配合饲料的研究显得十分重要。

3. 养殖技术不够成熟和完善

由于梭鲈的养殖时间不长，国内很多地方养殖梭鲈多是沿袭传统的肉食性鱼类的养殖方法，没有针对梭鲈的习性开展养殖，因此常出现病害大量发生、水环境容易变坏等现象。养殖技术方法落后，产量较低。

同时，在南方地区，由于气温高，梭鲈的养殖面临着度夏的难题。近年来养殖从业者也探索出一些有效的方法，比如加深水位、种植水草、引入江河或水库等的低温水、搭建防晒网等。

4. 缺乏基础研究

各级领导和科研部门对梭鲈养殖的前途看法不一，而且由于梭鲈养殖的规模相对较小，因此，缺少组织领导、科学研究和技术指导。目前对梭鲈的一些基础生物学特性，如生长特性、营养需求、病害防治等还非常缺乏。

三、产业发展方向

1. 依靠科技进步，促进梭鲈养殖的发展

水产市场竞争日趋激烈，养殖环境受“三废”影响而变得越来越差。新问题、新技术层出不穷，靠传统的方法和技术很难解决养殖过程中所面临的问题，只有依靠科技的进步，善于利用新的技术和方法，才能促进梭鲈养殖的健康持续发展。

(1) 实施水产种苗工程，建立梭鲈引种育种和良种繁育基地 目前，梭鲈繁殖所使用的亲鱼，多是养殖场自行从本场养殖的成鱼中挑选出来的，近亲繁殖严重，种质退化问题突出，应建立梭鲈引种育种和良种繁育基地，引进、繁育、推广梭鲈优质种苗，以提高成活率、降低生产成本。

(2) 推广应用梭鲈无公害生态健康养殖技术 梭鲈的养殖同其他鱼类养殖一样，也存在着病害和水质调控问题，利用免疫和生物技术成果，进行病害控制与养殖环境修复。如使用微生物制剂以改善养殖环境，改善生物机体代谢，调控体内环境，激活免疫系统，提高梭鲈的免疫力等方法，进行生态防病，减少梭鲈发病，提高其成活率。科学用药，选择高效、低毒的药物进行病害的防治。选用符合水产品生长的营养均衡的优质饲料，加强品质管理，生产出规格、质量符合市场需要的无公害、绿色产品。

2. 掌握市场信息，做好市场定位、产品定位和企业定位

当今社会是信息的社会，要及时掌握市场信息，及时调整养殖结构，做到“人无我有、人有我优”，除了追求养殖产量外，还要追求养殖的效益。

(1) 增加产品文化含量，实施品牌战略 梭鲈目前在市场上的产量不是很多，在淡水养殖品种中算是较为名贵的鱼类，因此，养殖企业要树立与提升企业、产品形象的价值，在知名度提升的同时，提升美誉度，获取品牌效应和规模效应的双丰收。

(2) 创新传统的养殖模式 改变年初放养、年底收获的传统方式，向适时放养、适时上市转变，以避开每年水产品价低时期集中出售产品。

(3) 提升养殖方法　从以冰鲜小杂鱼喂养的低投入、低产出的方式，向投喂优质全价配合饲料的健康养殖方式转变，积极发展个性化养殖。

3. 建立规模化、集约化养殖模式

目前，在我国的水产养殖特别是淡水养殖中，还存在着许多家庭养殖形式，难以摆脱传统养殖的习惯，导致技术含量不高而成本高，养殖品种品质不高，有时甚至出现产品的质量安全问题，产品靠中介推销，生产率和经济效益较低。在当今水产养殖的浪潮中，已渐渐不适应水产业发展的新形势。梭鲈的养殖目前主要是个体户或者小的养殖场在开展，未能大规模生产。为适应水产业发展的要求，能经得起农业结构调整后水产业再发展的竞争，广大梭鲈养殖从业者要由养殖效益低的个体养殖户向适度规模的专业合作社过渡，由效益低、技术低、资金缺的小规模养殖户向有技术、有资金、有养殖水平的、具有适度规模的养殖大户过渡，使经营大户或公司利用自有的优势（如资金、品种、技术项目、销售渠道等），与广大养殖户和适度规模的养殖者在种苗、饲料、防病、治病、养殖技术、生产标准等方面相结合，开拓集约化经营，形成产、供、销服务一条龙的多种养殖形式的现代化养殖体系。

第七章 梭鲈生物学特性

第一节 梭鲈的形态与分布

一、梭鲈的形态特征

梭鲈成鱼体肥肉厚，体呈梭形，头小，吻尖，口前位，口间距不大，上、下颌有口齿和犬齿，鳃部生有锐利的小刺。上颌骨后缘超过眼后缘，上、下颌、犁骨与腭骨有细绒牙，上、下颌和腭骨有较大的犬牙。鳃盖膜不与颊部相连，鳃孔大，鳃耙呈块状，顶端有小刺。体被栉鳞，侧线鳞数 86～102。背鳍较长，分前后两部分，第一背鳍上缘呈圆凸，第三至六鳍棘最长，第二背鳍的第一至三鳍棘最长；臀鳍较短，始于第二背鳍下方，第一至三鳍条最长；胸鳍椭圆形，侧位，稍低；腹鳍胸位，与背鳍棘在同一垂线上；尾鳍为分叉的正形尾。梭鲈背侧灰绿色，有 10～14 条明显的黑色不规则斑条，因此，梭鲈也叫“十道黑”（彩图 27）。

刚孵出的鱼苗体长 35～45 毫米，身体细弱透明。尾部长于躯干；头小、吻钝：眼睛无色素沉着或很淡。体长达 35 毫米时，身体全部被覆鳞片，并出现梭鲈成鱼特有的典型黑色条斑，此时鱼苗体型和成鱼相似。体长达 40 毫米之后，鱼体黑色条斑全部形成。鱼苗到鱼种阶段，身体细长，吻伸出，口大，颌骨上出现小尖牙，上颌骨向后延伸到眼中部，鳞细小，侧线直达尾鳍，颈部裸露无鳞，各鳍均出现鳍条。

二、梭鲈的自然分布

梭鲈原分布于咸海、黑海、里海以及波罗的海水系的河流、湖泊等盐度在 7～9 的水域，现已成为欧洲许多国家的增养殖对象。苏联曾把梭鲈投放到一些水库进行养殖，如伊尔库茨克水库、新西伯利亚水库等都占有相当的数量，有的还是水库的主要经济鱼类。

据资料记载，1964 年我国水产科技工作者在新疆维吾尔自治区开展渔业资源调查时，仅发现在伊犁河流域有分布。1979 年新疆维吾尔自治区水利局和中国科学院新疆分院生物土壤沙漠研究所联合调查时，在额尔齐斯河采集到 2 尾标本。1971年，73 千米处“引额济海”渠道与福海湖相通，1980 年在 73 千米处小海子的渔获中偶尔发现几尾 20 厘米的梭鲈，1981 年发现梭鲈在湖区 73 千米处小海子的渔获中所占比例迅速增加。

第二节　梭鲈生物学特征

一、食性

梭鲈为大型的肉食性鱼类，梭鲈苗卵黄消失后就以其他鱼类的鱼苗为食。梭鲈稚鱼期以枝角类、桡足类为食。仔鱼开口饵料为轮虫以及甲壳类的无节幼体，在土池培育梭鲈仔鱼时，用有机肥肥水培育轮虫作为开口饵料，效果很好。梭鲈幼鱼期以摇蚊幼虫等底栖无脊椎动物和小鱼等为食。当梭鲈长至 22～26 厘米时，食性完全转变为摄食其他鱼类，此时也要在苗种池中及时投放鲤、鲫、鲢等鱼类的水花作为其转食饵料，否则将会因同类相残，大大降低梭鲈养殖成活率。处于饥饿状态下的梭鲈苗可食大小为自身体长 2/3 的同类个体。该鱼在湖泊或河流中多以低值小杂鱼为食，摄食时先是靠近食物，然后突然袭击，咬住饵料鱼鱼体，再从头部吞下。摄食种类与其生存环境的饵料鱼体形、规格有关，一般以捕食自身体长 20％～30％的低值饵料鱼为主。其摄食鱼类的体长见表 2-7-1。

表 2-7-1 梭鲈吞食鱼类的体长占自身体长的百分比

梭鲈体长（厘米）	梭鲈吞食鱼类的体长占自身体长的百分比（%）		梭鲈测定数量（尾）
	平均值	变化范围	
5～10	36.0	13.6～76.8	236
10～15	28.8	10.4～52.2	348
15～20	19.4	9.7～45.5	209
20～25	23.3	11.2～47.0	87
25～30	22.2	10.0～37.9	134
30～35	20.9	12.2～35.5	155
35～40	18.4	14.4～26.0	104
40～45	21.0	9.4～22.9	48
45～50	20.4	7.5～30.0	44
50～55	21.9	14.2～40.0	38
55～60	20.7	10.0～26.5	24
60～65	24.2	20.7～26.8	4

二、栖息

梭鲈为冷水性鱼类，喜生活在水质清新和水体透明度、溶氧量高，并具有微流水的环境中。要求水体 pH 为 7.4～8.2。梭鲈还具有昼伏夜出的习惯，一般傍晚后出来觅食。梭鲈属中、下层鱼类，喜在较深的水层活动，稍有惊扰则迅速潜匿于深水层。

1. 水温

梭鲈在越冬期间，甚至在冰下都能照常摄食，秋末结冰前和春季化冰后，出于营养积累和补充营养消耗的因素，其摄食强度增大。生存温度为 0～33℃，最适合生长水温为 12～18℃，繁殖水温为 12～16℃，当水温升至 12℃左右时，开始产卵。在水质良好的情况下，通过室内逐步升温试验观察，水温达到 28℃时，梭鲈的呼吸频率加快，在 29.5℃时出现烦躁不安的游动，31℃时梭鲈出现摇头及浮头状态，32℃时呈现严重浮头状态，32.5℃时死亡。以上试验结果也说明梭鲈对高温的适应能力低于一般鲤科鱼类，从保证安全度夏的角度出发，应将池塘水温控制在29℃以下，31℃应是危险界限。因此，在夏季高温炎热季节，池塘水深应保持在2米以上，并且辅助种植水草和搭建遮阳装置等以降低水温。

2. 溶解氧

梭鲈平时喜欢生活在水质清新，透明度高，且有微流水，溶氧量为5毫克/升以上的环境中，即使在冬季，池塘的溶氧量仍不应低于3.0毫克/升，梭鲈对水中溶氧量的要求比一般鲤科鱼类高。经试验观察，在水温为16～30℃条件下，溶氧量在2毫克/升左右时，梭鲈出现焦躁不安与浮头，溶氧量降至1.5毫克/升左右时，梭鲈就会死亡。因此，在饲养过程中，水中的溶氧量应保持在5毫克/升左右，才能满足梭鲈良好生长的要求，2毫克/升的溶氧量应是危险指标。养殖梭鲈的池塘应经常保持微流水状态，使溶氧量处于较高水平，以免发生缺氧窒息事故。在养殖密度较高的情况下，应经常注换新水，且每2 668～3 335米^{2}的水面应具备1台功率为1.5千瓦的增氧机，以保持池水有较高的溶解氧。

3. pH

以新疆维吾尔自治区的布伦托海为例，那里的湖水pH在7.42～8.56，总碱度为11.40毫摩尔/升，能够形成一定的捕捞群体，最高产量达4 500吨。这说明梭鲈还是我国广大内陆水体增养殖的理想对象，水中pH以7.4～8.2为宜，通常在适宜的pH范围内，其生长速度可随水温的升高而加快。

4. 盐度

梭鲈自然分布在淡水和咸淡水水域中，在里海分布在盐度为7.9的水域中，在阿拉尔海甚至可在盐度为20的水域中发现。试验表明，盐度在10左右时，梭鲈的活动正常；盐度升高至12时，梭鲈的体色变深，其他反应正常；盐度为14时，梭鲈开始出现呼吸频率加快；盐度达到16.5时，翌日开始出现死亡。由此可见，梭鲈的耐盐能力是很强的，这有利于在沿海地区的淡水和咸淡水池塘中开展养殖。通常盐度在12以下可视为安全范围。

三、生长

梭鲈的生长与温度、自身体质以及生活环境有关。水质清新、饵料充足适口，梭鲈生长快。在人工养殖饲料较充足的条件下，生长速度会快一些。梭鲈鱼种当年可长到400～500克，2龄鱼能达到700～1 000克，达到上市商品鱼规格。

刚孵出的梭鲈鱼苗被称为“游动胚胎”（前期仔鱼）。4～5日龄的鱼苗长度为4.5～5.8毫米，此时进入仔鱼发育阶段。20～29日龄，体长为9.6～20.7毫米的梭鲈进入幼鱼发育阶段。40～50日龄时，体长为15～30毫米，平均体长达23毫米。在适温范围内，梭鲈的生长随温度的升高而加快，同时还与自身的体质和环境条件有很大的关系：水质清新、微流水条件下，有充足适口的饲料，梭鲈的生长非常快。

四、繁殖

1. 性成熟年龄

雌性梭鲈3～5年性成熟，而雄性梭鲈2～4年性成熟。在珠江三角洲地区，梭鲈从鱼苗到养殖成商品鱼，仅1.5年时间就已性成熟。初步分析，可能与水温、饲料和环境的变化有关。

2. 产卵类型

梭鲈产出的卵为淡黄色，黏性卵，卵径为1.1～1.6毫米，卵膜内有1个或数个透明油球，受精卵黏附于草茎或其他水生植物的须根处。梭鲈的怀卵量和个体大小、卵粒大小有关，一般相对怀卵量为1 500粒/克。

3. 雌雄辨别

梭鲈不同于其他鱼类，在生殖季节雌鱼和雄鱼的副性征不太明显，只能从亲鱼腹部状况大致鉴别。繁殖季节雌性亲鱼相对个体较大，腹部膨大松软，呈淡黄色，产卵前或重复产卵的雌性亲鱼生殖孔周围呈红色的凸起。雌性亲鱼的卵巢发育到第Ⅴ期时，其成熟系数为8％～16％，用手轻挤腹部有大而饱满的鱼卵流出，卵粒呈淡米黄色。繁殖季节的雄性亲鱼一般身体较长，腹部狭长、不膨大，体侧呈浅蓝色或淡青灰色，雄性亲鱼泄殖孔周围不凸出。雄性亲鱼的精巢呈带状，乳白色，为辐射型精巢，其成熟系数比雌性小得多，一般为1%～2%，性成熟的雄性亲鱼用手轻挤腹部有白色精液流出。

4. 繁殖力

梭鲈的性成熟年龄在原产地雌性为3～5龄，雄性为2～4龄，在珠江三角洲地区1龄即可成熟，繁殖水温下限为7～8℃，上限为20～22℃。自然水域中，在繁殖季节，雄鱼会选择适宜的生态环境，用鳍和身体将植物根须、沙砾等物体筑成相当于体长2倍的产卵巢，然后将成熟的雌鱼拦入鱼巢进行繁殖。受精卵呈淡黄色、具黏性，卵径为1.1～1.6毫米，产卵后由雄鱼护巢，并用鳍扇动水流增加溶氧量和清除泥沙，并驱赶靠近鱼巢的杂鱼，直至守护到孵出鱼苗。尾重2～3千克的雌性亲鱼怀卵量为30万～40万粒。梭鲈的繁殖习惯同加州鲈基本相同。

第八章　梭鲈高效生态养殖技术

第一节　鱼苗培育技术

一、培育池条件

1. 水泥池培育

鱼苗培育的水泥池面积以1 500米^{2}左右为宜，水深1.2～1.8米，经常注水保持水质清新，加注水时注意防逃和避免有害生物进入（彩图28）。

2. 池塘培育

梭鲈世代生活在广阔的大水面和江河中，在人工养殖条件下喜在水质清新、溶解氧丰富且有微流水的环境中栖息育肥。梭鲈苗种培育的池塘要求面积适中，以667～2 001米^{2}为宜，其中鱼苗池667米^{2}左右，鱼种池667～2 001米^2。沙质或沙泥底质，积淤不超过15厘米，排、灌方便，配增氧机、抽水机，放养前先进行严格消毒，每667米^{2}用150千克生石灰，20千克漂白粉。水花到夏花阶段水深要求为50～70厘米，夏花到鱼种阶段为120～150厘米。

二、放养前准备

（一）清塘消毒

池塘清整是养鱼生产中一项很重要的工作。池塘是一个开放的环境，经过一段时间的养殖生产，鱼的残饲和粪便沉积池底，病害生物大量滋生，敌害生物也会通过各种途径进入池塘，池塘环境逐步恶化，再加上堤基被风浪常年冲刷易有破损，特别是苗种培育阶段，由于苗种体质较弱，更容易感染疾病，因此，必须加以清整。

1. 清整池塘的步骤

(1) 修整池塘 首先，将池水排干，最好能经过一段时间的冰冻或日晒，以减少病虫害的发生，加速底泥中有机物的分解，提高池塘肥力。然后，推平池底，将过多的淤泥敷贴在池壁和池堤上；同时，堵漏填缝，检修进、排水口，清除池底和池边的杂草（彩图29）。

(2) 药物清塘 利用药物杀灭池塘中的病原和敌害生物，杀灭野杂鱼以及影响鱼苗生长的生物，以保障鱼苗安全下塘。药物清塘分干法清塘和带水清塘2种方法。

干法清塘：即将池水排至仅余5～10厘米深，用溶解好的药物均匀泼洒至池中和池埂（彩图30）；必要时，翌日再用铁耙将池底推耙一遍，以提高药物作用的效果。干法清塘的优点是对底泥中的底栖生物和病原微生物杀灭彻底，但加注的池水中仍可带进敌害生物及其卵和幼虫。

带水清塘：即直接将溶化好的药物均匀泼洒到池水中，不必排干池水。优点是对池水病害生物杀灭彻底，但对底栖生物、泥鳅、黄鳝等杀灭不彻底。

通常使用的药物为生石灰（干法清塘用量为每667米^{2}60～75千克，带水清塘用量为每667米^{2}125～150千克），时间仓促时也可以考虑使用漂白粉（水深1米时用量为每667米^{2}13.5～15.0千克）。投放鱼苗前还应使用试水鱼，以确保清塘药物毒性已消失。

(二) 肥水

与很多淡水养殖鱼类相同，梭鲈的开口饵料也为浮游动物，其中轮虫是鱼苗最适合的饵料生物，且有利于色素的沉积和鱼苗的生长，因此，鱼苗下塘前培养丰富的饵料生物尤其重要。即在鱼苗池清塘消毒后，应进行必要的施肥处理，经过发酵处理后的有机粪肥是较好的肥料之一（用量为每667米^{2}200千克），在有机肥料施用后的7～10天，适口的浮游动物即可大量出现，主要为轮虫和无节幼体，使用无机化肥（如氯化铵、碳酸氢铵或尿素等）可以使适口饵料生物出现高峰的时间适当提前。

池塘养殖生产过程中，对池水施肥可培养浮游生物，为养殖鱼类提供丰富的天然饵料，对于培育鱼苗、鱼种养成尤其重要。池塘施肥可促进鱼类生长，是提高鱼产量的有效措施之一。由于池塘水体温度和光照等因素直接影响施肥效果，所以正确掌握施肥时间对提高肥效至关重要。

在早春鱼苗放养前7～10天施用，早施肥，有利于鱼类早放苗、早适应、早开食。瘦水池塘或新建的池塘，池底淤泥很少或没有淤泥，这样的水质不适宜苗种的下塘成活，为了改良水质，使之含有丰富的天然饵料，必须施放基肥。水色呈茶褐色或油绿色的肥水塘和养鱼多年的池塘，一般不需要施基肥或酌情少施。施基肥一般采用有机肥料，力求一次施足。具体施肥量应视池塘肥瘦、肥料种类及肥料质量等灵活掌握，一般每667米^{2}可施有机肥如牛粪或猪粪等粪肥300～500千克。施用人粪尿时，用量相应减半，施用禽肥则用量更少。

方法一：在池塘注水前施基肥。选择在池塘排水清整后进行，以便池塘注水放鱼后可及早使池水变肥，大量繁殖天然饵料供鱼摄食。可将肥料遍施于池底或积水区的边缘，经日光曝晒数天，适当分解后，翻动肥料，再晒数天，即可注水。

方法二：在池塘注水后施基肥。其作用主要是肥水而非肥底泥。将肥料分堆于沿岸浅水处，隔数天翻动一次，使肥水逐渐分解扩散于水中。施肥后10天左右，即可投放鱼苗。

三、苗种选择与运输

（一）鱼苗的选择

一般来说，鱼苗的选择要按照以下步骤判断。

一是肉眼察看。好鱼苗规格整齐，体色一致，明亮有光泽，身体茁壮，光滑而不拖泥，游动活泼；差鱼苗规格参差不齐，体色暗淡，个体偏瘦，有些身上还沾有污泥，没有生机。

二是反应能力。将手或木棍插入盛鱼苗的容器中，惊扰鱼苗，好鱼苗会迅速四处奔游，差鱼苗则反应迟钝。

三是逆游能力。搅动装鱼苗的容器，产生漩涡，好鱼苗能沿边缘逆水游动，差鱼苗则卷入漩涡，无力抵挡。也可让风吹动或用口吹动水面，好鱼苗能逆风而游，差鱼苗只能随波逐流。

四是离水挣扎。倒掉水后，好鱼苗会在盆底强烈挣扎，弹跳有力，头尾能曲折成圈状，差鱼苗则贴在盆底，无力挣扎，仅头尾颤抖。

（二）鱼苗的运输

鱼苗在卵黄消失后 3～5 天，才可搬运。此时梭鲈已经开口进食，注意带水装袋，不宜密集。运输规格最好在体长 4～5 厘米以上，此时梭鲈的身体全部被覆鳞片，出售下塘，成活率较高；而体长 2～3 厘米时鱼体透明，可见到内脏，拉网时容易贴网，若吊水时间过长或过于密集，容易造成损失，所以在捕捞操作时一定要轻和快。运输水温在 24℃以下，如气温高可在袋内加冰降温，放鱼时温差不超过 2℃。在养殖期间分塘运输，可在分塘前 2～3 天拉网锻炼。梭鲈在鱼苗、鱼种直至成鱼阶段，捕鱼最好用胶丝密网，避免卡住鳍条，以减少应激反应，提高成活率。

1. 充氧运输

在梭鲈苗种的运输过程中，规格在 5 厘米以下时，使用得比较多的运输方法是尼龙袋充氧运输。

采用尼龙袋进行梭鲈鱼苗运输的工具有飞机、汽车、火车、轮船等。尼龙袋充氧运输鱼苗的优点是：运输时的体积小，鱼苗装运的密度大，搬运轻便，对鱼苗无损伤，鱼苗成活率高，适合于小规格的苗种运输。

尼龙袋充氧装运梭鲈鱼苗的密度，应以梭鲈鱼苗的大小、运输时的温度以及运输时间来决定。通常温度低、运输时间短（8 小时以内）、梭鲈鱼苗规格较小时，装运的密度可以大些；而温度较高、运输时间较长（10 小时以上）、梭鲈鱼苗的规格较大时，则装运的密度应适当小一些。

在利用尼龙袋充氧运输的过程中，要随时观察梭鲈鱼苗的活动情况。有时因为梭鲈鱼苗呼出的二氧化碳在密封的袋中积聚过多，容易使其产生麻痹仰游。遇到此种情况，应立即往氧气袋中冲入新水和补充氧气，使其恢复。如果麻痹过久就会发生死鱼。为了保证梭鲈在运输途中的安全，在长时间运输时，应同时配备小型的增氧设备，便于在运输途中换水充氧。在运输过程中，如果气温较高，可以采用在氧气袋外加放冰块的方法进行降温处理，以延长运输的时间和成活率。

2. 帆布箱（袋）运输

梭鲈鱼苗规格在 5 厘米以上时，鱼苗的胸鳍和背鳍上的硬刺已长得较为坚硬，因此，运输规格在 5 厘米以上的梭鲈鱼苗时，应特别注意防止尼龙袋被其胸鳍和背鳍上的硬刺扎破，可以采用减少装运密度的方法来防止，如果有其他的运输途径和方法，则最好不用尼龙袋充氧来运输。一般使用得较多的运输方法有帆布箱（袋）以及活水船运输等。

帆布箱（袋）运输的优点是：可以在运输途中进行换水，适合于运程较远、运时较长和大规格鱼种的运输。用帆布箱（袋）进行运输之前，要将帆布箱（袋）认真检查一遍，把破洞或开缝处粘补好后，装入 2/3 的水，检查帆布箱（袋）有无破漏。检查好后，装入 2/3 的清水，随即装入已过数的梭鲈鱼苗，再在帆布箱（袋）上盖上一层网片，防止在运输途中因颠簸使梭鲈鱼苗溢出和跳出。在运输途中应勤观察，如果发现梭鲈鱼苗浮头，则采用加水、换水、充气等方法补充帆布箱（袋）中的溶氧。在帆布箱（袋）内，可加一个大小形状与帆布箱（袋）相同，用鱼苗网片制成的衬网，在衬网网口的四边和四角，各用一条绳子系在帆布箱（袋）架上，在衬网网底的四角和网底部，应加压砖石等重物，以免在运输送中因运输工具颠簸，衬网纲片浮起损伤梭鲈鱼苗。待到达目的地卸鱼时，将衬网提起，即可将鱼苗捞出。

四、苗种放养

鱼苗放养前，用茶麸、灭虫精和强氯精等对池塘进行彻底的消毒清塘处理，清除所有病毒、细菌及野杂鱼、虾、蟹。消毒清塘几天后，选择晴好天气，使用有益微生物及发酵有机肥，少量多次地施肥育藻，将藻相和菌相慢慢培育起来，稳定水质。水花放养的时机应掌握在卵黄消失后的3～5天进行。此时水花游泳能力加强，能够独立取食。在孵化池暂养期间，应按时投喂轮虫等小型浮游生物或人工饲料。水花放养的数量以每667米^{2}10万～40万尾为宜，放养规格一般在5～6厘米。因梭鲈鱼苗对水温变化极为敏感，在放苗时应注意水温的波动。放苗要求规格一致，最好是同批鱼苗。

五、日常管理

（一）饲料投喂

1. 开口饵料

鱼苗的开口饵料历来是提高鱼苗成活率的重要环节，是整个苗种培育过程中的关键。梭鲈的开口饵料为小型浮游动物，提供梭鲈育苗开口饵料的方法有：①适时清塘消毒、加水和施肥，在育苗池培育小型浮游动物，如在水花下塘时发现池塘有大型浮游动物，应及时清除。②设饵料培育池，与育苗池同步清塘消毒、加水和施肥，培育浮游动物，用80目筛绢抽滤桡足类的无节幼虫和轮虫，作为梭鲈鱼苗的开口饵料。③在室内利用水槽培育卤虫幼虫，以补充育苗池开口饵料的不足。④投喂自制的微囊饲料。

2. 正常饲料

梭鲈鱼苗从水花到夏花的培育，要经过28～35天的喂养，出塘时规格可达4～5厘米，体重1克左右。从夏花到鱼种的培育，需130～140天，出塘时规格可达10～12厘米，体重10～20克。在梭鲈鱼苗不同的生长阶段，投喂不同适口的饵料，是促进鱼苗生长和提高养殖成活率的关键。梭鲈鱼苗在1.5～2.0厘米以前主要摄食小型浮游动物，2.0～2.5 厘米以后则以大型浮游动物为主，2.5～3.0 厘米以后可摄食“四大家鱼”小鱼苗。3～4 厘米的梭鲈鱼苗，身体各器官发育已经与成鱼相似，其肉食性、掠食性的习性正在形成，该阶段也正是用人工饲料驯化的最好时机。经 1 个多月的培育，鱼苗可长至 4～5 厘米，转入鱼种培育阶段。鱼种培育时，池塘水位保持 1.0～1.5 米，投喂冰鲜鱼肉糜，每天投喂 3 次。梭鲈幼苗摄食强度较大，日摄食量可达自身体重的 50%。因此，必须定时、定量投饲，保证供给足够的饵料，以保证全部鱼苗均能吃饱，使鱼苗个体生长均匀，减少自相残杀，提高成活率。

（二）水质管理

坚持在黎明、中午和傍晚巡塘，观察池鱼活动情况和水色、水质变化情况，发现问题及时采取措施。适时注水，鱼苗饲养过程中分期向鱼塘注水是提高鱼苗生长率和成活率的有效措施。一般每 5～7 天注水 1 次，每次注水 10 厘米左右，直到较理想水位，以后再根据天气和水质，适当更换部分池水。注水时在注水口用密网过滤野杂鱼和敌害生物，同时要避免水流直接冲入池底把池水搅混。

（三）及时分疏培育

保证鱼种规格一致，同塘放养的鱼苗应是同一批次孵化的鱼苗，以保证鱼苗规格比较整齐。此外，梭鲈弱肉强食、自相残杀的情况比较严重，生长过程又易出现个体大小分化，当饵料生物不足时，更易出现大鱼吃小鱼的情况。因此，鱼苗培育必须做到及时分疏培育。当鱼苗长至 3.5 厘米左右时，应及时分疏，按不同规格进行分池培育。水泥池培育每隔 10 天左右分疏 1 次，土池培育每隔 15 天左右分疏 1 次。以同塘放养的鱼体重相差不到 1 倍为宜。

（四）保证水质稳定

定期对水质进行消毒杀虫处理，并及时使用有益微生物和底质改良剂对水质进行有效调控，有利于病虫害的预防。只有在稳定水质的前提下，梭鲈的生长速度才有保证。盛夏季节池塘水温较高，远远超过梭鲈的适温上限，在加深水位的同时，可采取在池塘上方搭建遮阳棚、遮阳网等设施降温，或在池塘水面种植凤眼莲等，同时也要注意减少拉网操作以避免惊扰鱼体。

（五）加强病害防治

梭鲈鱼苗培育期间病害并不多，平时采取以预防为主的方法，一是定期用硫酸铜和硫酸亚铁合剂（5∶2）全池泼洒，二是用漂白粉对育苗工具等进行消毒。

1. 气泡病

发病鱼苗浮于水面，身体失衡，呈挣扎状游泳或侧卧打转，在肠道中有白色气泡，鱼苗不能下沉，挣扎不久即死亡。鱼苗和夏花鱼种发病率高，严重时全塘鱼苗1天可全部死完。

治疗方法：及时注入新水，换出部分老水；水深1米的鱼池，每667米^{2}用食盐2千克溶水后全池遍洒；同时开动增氧机搅动池水。

2. 白皮病

主要危害分塘后期鱼苗或刚分塘的夏花。其症状为尾叉变白，鳞片脱落，严重时病鱼尾鳍烂掉，不久即死亡。

防治方法：漂白粉按1克/米^{3}的量溶水后全池遍洒；五倍子按2～4克/米^{3}全池遍洒。

3. 车轮虫病

该病对0.5～3.0厘米的苗种危害极大，常导致大批死亡。病鱼体色发黑，身体瘦弱，呼吸困难，离群独游，行动缓慢，镜检可见体表和鳃丝有大量轮虫。

防治方法：硫酸铜和硫酸亚铁合剂（5∶2）按0.7克/米^{3}全池遍洒。

4. 小瓜虫病

主要危害夏花鱼种，病鱼体表可见布满了白色小点的囊泡，将小囊泡刮到一个玻璃片上，滴一滴清水，可见小白点能慢慢移动，即可确诊。

治疗方法：水深 1 米的鱼池每 667 米^2 用胡椒粉 250 克，干姜 100 克，混合加水煮沸后泼洒；福尔马林按 25 毫升/米^3 全池遍洒。

5. 其他敌害

梭鲈在孵化培苗阶段，主要敌害为蝌蚪、螺类等；孵化期间有螺类侵袭的鱼卵，孵化率极低，故应在孵化、培苗期间在鱼塘四周用密网围栏，以防敌害生物吞食鱼卵和鱼苗。

第二节 成鱼养殖

一、池塘精养

（一）养殖条件

1. 场地选择

水源充沛、水质良好、没有污染；建有完善的进、排水体系，做到灌得进，排得出，旱涝保收。

2. 鱼池要求

池塘面积以2 001～6 670米^2 为宜，池底淤泥少，壤土底质，水深1.5～2.2 米，要求水源充足，水质清新、无污染，进、排水方便。大部分以高密度养殖，要配备增氧机和抽水机械，注、排水口设置密网过滤和防逃（彩图 31）。

3. 清塘消毒

鱼种放养前 20～30 天排干池水，充分曝晒池底。然后注水6～8 厘米，用生石灰全池泼洒消毒，再灌水 60～80 厘米，施肥培水。5～7 天后，经放鱼试水证明清塘药物毒性消失后，方可放养鱼种。

（二）鱼种放养

1. 放养时间

放养鱼种时间一般选在 4 月中、下旬或 5 月上旬，规格宜大且要求大小一致，选择体表无掉鳞、无外伤、对外界刺激反应灵敏的健康鱼种，一次性放足。水中溶氧量要求在 5.0 毫克/升以上，盐度10以下，水温达18℃以上可放养。

2. 苗种选择

要求放养的梭鲈应选用正规繁育场的苗种，体长6～10厘米，鱼种规格整齐，体质健壮，游泳活泼，无病无伤。

3. 苗种消毒

鱼种放养时需用80毫升/米^{3}的福尔马林或3%的食盐溶液药浴消毒，具体浸洗时间视水温、鱼体反应等情况灵活掌握。

4. 放养密度

投放鱼种要健壮、无伤、无病，规格宜大且一致，一次放足。放养6厘米以上的鱼种，密度为1.80万～2.25万尾/公顷；若鱼种规格在10厘米以上，可放养1.2万～1.5万尾/公顷。其放养密度视池塘水质条件、饲料、技术管理水平及计划产量而定。如果动物性饲料充足、新鲜，水质良好，每667米^{2}放养量可适当多些，但一般每667米^{2}放养量以1 000～1 700尾为宜。

（三）饲料投喂

1. 放种前培育饲料鱼苗

在苗种放养后的第四天开始投鲤、鲫的乌仔，约1周后，每天逐步搭投一些鱼糜，梭鲈夏花经1个多月的精心培育，规格已达10厘米左右，这时梭鲈养殖可转入中、后期的饲养管理。

2. 饲料鱼苗的投喂

养殖中、后期饲料的投喂应经历食性的驯化。通过1个多月吃活鱼和鱼糜，改投新鲜野杂鱼作饵料，由于一时不适应，因此需驯化。开始需停投2～3天，然后将野杂鱼剪小后少量试投，试投时间要长一点，经过这样1周左右的驯化，梭鲈就会迅速集中到投饲点来吃食。每天投饲2次，分别为09：00左右和15：00左右，每次投喂约半小时。开始改投鲜野杂鱼时，要选定一个点，定下来后就不要随意变动，让鱼养成习惯集中到这个点，使梭鲈听到人投饲时就会马上到食台来吃食。投喂的饵料鱼必须是新鲜的，腐烂发臭的饵料鱼应去掉以免引发鱼病。根据梭鲈的生长吃食情况及天气情况来决定投喂量，一是从时间上掌握，以每次投喂20～30分钟为宜；二是根据梭鲈鱼的吃食情况，梭鲈吃饱后会自动游离食台，当梭鲈在食台附近看不到时，应停止投饲。

(四) 管理措施

1. 日常管理

要坚持每天日夜巡塘，定期检测水质理化指标（氨氮、亚硝酸盐、溶解氧、pH、透明度、水温等）和鱼体生长情况（体长、体重和成活率），观察鱼群活动和吃食情况、水色与天气变化及鱼是否有浮头迹象等，发现问题及时采取措施。梭鲈喜欢清洁安静的环境，要求池周环境清静，减少惊扰；同时，要及时清除残饲（吃剩的饵料鱼块、配合饲料）、塘边杂草及水面垃圾要及时清除。饲养35天左右进行分塘1次，途中尽量不再分塘。

2. 水质管理

梭鲈要求水质清新、溶解氧丰富。因此，整个养殖过程中，水质不宜过肥。特别是夏、秋季节，由于投喂大量饲料，极易引起水质恶化，一定要坚持定期换水，注入新水，使水的透明度保持在40厘米左右，为梭鲈生长提供一个良好的环境。每3 335米^{2}水面安置1台3千瓦的水车式增氧机，通常在晴天中午开启1～2个小时，遇到天气异常等特殊状况时适当增加开机时间。开动增氧机的目的除了增氧、曝气和搅水外，主要是让池水在池塘内充分循环流。由于梭鲈耐低氧能力较差，因而饲养时对水质的要求不同，要根据天气、水质情况适时换水。

3. 鱼病防治

病害以预防为主，治疗为辅，做好苗种消毒、饲养管理和水质调节工作。每隔10～15天全池泼洒生石灰水1次，生石灰用量为每667米^{2}10～15千克，一方面可防治鱼病，另一方面可调节水质，改善水体。另外，也可不定期在饲料中掺拌搭配一些药物，预防病害发生。目前常见的鱼病有：烂鳃病、溃疡病、肠炎病、疖疮病等，一旦发现病鱼应及时诊断并对症下药。

二、池塘混养

1. 池塘条件

可利用成鱼、亲鱼和老口鱼种塘混养梭鲈。池塘面积宜大勿小，过小溶氧量变化大，易缺氧死鱼。应选择水质清瘦、小杂鱼多、施肥量不大、排水和灌水方便、面积3 000米^{2}左右、溶氧量4毫克/升以上的池塘进行混养。混养池塘中不能有乌鳢、鳜等凶猛鱼类存在，以免影响梭鲈成活率。

2. 鱼种放养

时间为每年4月中旬至6月中旬，投放规格最好为当年5～6厘米的夏花鱼种。

3. 放养密度

混养池塘可投放6厘米以上的梭鲈300～450尾/公顷，池塘条件好可适当增加，但应注意梭鲈个体应比主养品种小1倍以上，以免被其捕食。如采用人工投喂饵料鱼的，则每667米^{2}放养梭鲈夏花80～100尾。

4. 饲养管理

(1) 投饲 梭鲈是肉食性鱼类，食量大，喜捕食小鱼虾、水生昆虫等。养好梭鲈，关键是要有足够的适口的饵料鱼。可捕捞湖洞、河流、水库等水域中的小杂鱼投喂，经驯食也可采购冰鲜鱼或人工配合颗粒饲料投喂。投喂小杂鱼或冰鲜鱼要做到适口，幼鱼阶段需切成0.5厘米宽的小鱼块，随着鱼体长大将鱼块逐渐加宽到1.0厘米、1.5厘米、2.0厘米；投喂配合颗粒饲料要求蛋白质含量在45%～50%，动物蛋白质与植物蛋白质比例为1：(1.5～2.0)。使用鱼块或颗粒饲料需经驯食，驯食一般从鱼种下塘后2～3天开始，其方法是：在池塘设置的食台上投喂小规格其他鱼苗或小蚯蚓等活饵，吸引梭鲈集中取食，然后逐渐将鱼块或颗粒饲料掺在一起投喂。驯食开始几天，每日隔2～3小时投喂1次，以后每天喂4次，最后减至2次，每天上午、下午各1次，经1周左右驯食，梭鲈即可形成摄食小杂鱼、冰鲜鱼块或颗粒饲料的习惯。之后，采取抛投法投饲，以增加饲料在水中的运动时间和梭鲈捕食机会，鱼块日投喂量为池塘梭鲈总重量的 8%～10%，颗粒饲料为 5%～6%。饲料投喂要做到定时、定位、定量、定质，并视天气、水温和鱼的摄食等情况灵活掌握和调整。有条件的地方，还可每隔一段时间补充投喂鲜活小杂鱼、虾或“四大家鱼”苗种，其体长应小于梭鲈体长的 45%～50%。

(2) 日常管理 主要应做好注、排水工作，饲养梭鲈的水质宁瘦勿肥，池水透明度保持在 40 厘米左右。养殖期间要保持清新水质和较高溶氧，经常注、换新水和开机增氧，使池水溶氧量达 5 毫克/升 以上。同时，每 10～15 天换水 1 次，每次换水量约占池水量的 1/3，不使池水过肥。在日常管理中，应坚持经常巡塘检查，除适时开机增氧和加、换池水外，还需保持池塘清洁和安静，及时清除池中残饵和污物，做好食台的清洁和消毒工作，创造良好的养殖环境。梭鲈是一种抵抗力较强，病害较少的鱼类，在养殖过程中只要采取综合性预防措施，即可使鱼不发病或少发病：一是严格对池塘和鱼种消毒，杀灭水环境和鱼体的病原；二是加强水质管理，经常换水和开机增氧，保持清新、良好水质；三是科学饲养，投喂饲料要营养全面、新鲜适口，保证吃好吃饱，使所有鱼的日饱食度达 80%；四是经常施用药物，发病季节每隔 10～15 天每 100 千克鱼使用恩诺沙星 5～7 克拌入饲料投喂，连续 3 天。

三、网箱单养

梭鲈能在我国各种水域进行养殖，尤其是网箱养殖能获得高产高效，因而能在较短的时间内成为调整淡水养殖结构，发展优质、高产、高效渔业的一个重要养殖对象。但其摄食性强，食量大，对饲料及养殖管理要求较高，要想网箱养殖获得高产高效，必须掌握以下要点。

1. 水域的选择

梭鲈属亚冷水性鱼类，喜欢生活在清澈的水体环境中，对水中溶解氧要求较高，生活在水体中、下水层。因此，网箱养梭鲈应选择水体开阔，有一定水流、水质清新（透明度大于60 厘米）、最低水位不低于 2 米，无污染、风浪影响不大的水域。首选在靠近村庄、背风向阳、水深 5 米以上的水库处安置网箱，既方便管理，又能避免枯水期网箱搭底；同时要远离航道、码头及有一定水流的水库，选在相对安静的水域环境，可减少鱼类对周围环境条件的应激反应。

2. 网箱的设置

采用固定式网箱。网箱采用钢丝网片缝制而成，规格为 6.0 米×4.0 米×2.5 米，面积不宜过大，便于管理。网眼为方形，网目尺寸为 1.4 厘米×2.6 厘米，可养殖规格为 10 厘米以上的梭鲈。网片材料用 0.3 毫米钢丝，钢丝上镀锌，可延长网箱在水中的使用年限。网箱结构为敞口框架浮动式，箱架可用毛竹或钢管制成。网箱入水深 2 米左右，水上高度 30～40 厘米。网箱排列方向与水流方向垂直，呈长方形分 2 排排列，每排 24 只；排与排、箱与箱之间设有过道，过道宽 1.1 米，上面用木板铺设，下面用塑料桶或泡沫浮子将过道和网箱浮起来。网箱顶端建有管理及生活用房，用机动船作为交通工具，可以避免外界的干扰。网箱采用抛锚及用绳索拉到岸上固定，可以随时移动。新网箱在放养前 7～10 天入水布设，让箱体附生一些丝状藻类等，以避免放养后擦伤鱼体。

3. 鱼种放养

根据各地气候条件而定，水温达 15℃以上，鱼种就可以进网箱了，时间越早越好，这样可延长生长时间。梭鲈夏花经过 2 个月左右的养殖，当大部分鱼规格达 10 厘米以上时，即可分养到网箱内，放养密度为每平方米 100～200 尾。苗种必须使用正规的苗种场生产的梭鲈鱼种，要求规格整齐、色泽鲜艳、体表无伤、体质健壮、游动活泼，最好使用人工繁殖的鱼种，这种鱼种成活率高、易驯化。分养时，要将规格不同的鱼分开，操作时要小心，尽量不要擦伤鱼体，最好在 06：00 左右进行。对于放养的鱼种要进行药浴消毒处理，一般可用 3%的食盐溶液或 15 毫克/升的漂白粉溶液浸浴鱼体 5～15 分钟，以防病原侵入水体。

4. 饲料投喂

在小杂鱼比较容易解决的地方，可投喂冰鲜低值小杂鱼。鱼块的大小依梭鲈的大小而定，刚放养的大规格鱼种一般切成0.5厘米宽的小鱼块，随着鱼体的长大鱼块逐渐加宽到1.0厘米、1.5厘米、2.0厘米。一般大规格鱼种放养后需停食2～3天，因为刚放养的梭鲈一时不适应，不会立即来吃食。第四天开始驯食，先将少量鱼块加水均匀泼洒多次，使网箱中的水有动感，因停食后鱼比较饥饿，容易来抢食。经过1周左右的驯食，大部分鱼能抢食。投喂采用"四定"投饲法：①定位。鱼块要投喂在网箱中间，不要投到网箱四边或角上，以防抢食时擦伤鱼体。②定时。夏天水温高时投喂2次（08：00和14：00），投喂量基本一样。春、秋季节水温在10℃以上时，17：00左右投喂1次。冬季水温在10℃以下时，基本不投喂，只有鱼吃食时才投喂。③定质。投喂的饵料鱼必须是新鲜或冰鲜的，不投变质腐败的饵料鱼，以免引起鱼病。④定量。根据天气、水温、水质、吃食情况及体重增加情况来决定投喂量。按照多年网箱养殖梭鲈的吃食情况分析，幼鱼阶段日投喂量为鱼体重的8%～10%，成鱼阶段日投喂量为鱼体重的5%～8%，其平均饲料系数为6。

5. 日常管理

做好"三防、四勤"工作。

"三防"主要指：① 防治鱼病。大水面生态网箱养殖，一般病害较少，很少用药。在鱼种放养前用3%食盐溶液进行浸浴消毒，在梭鲈筛选、分箱、船运等操作过程中要轻，时间要快，避免擦伤鱼体。②防止逃鱼。经常检查网箱，发现破损，及时修补，以防逃鱼。③做好防洪和防台风工作。在洪涝和台风季节，要仔细检查网箱岸上的桩和纲绳是否牢靠，该加固的地方就要及时加固，这样才能起到抗击洪涝和台风作用。

"四勤"主要指：①勤投喂。鱼体较小时，每天可视具体情况少量多次投喂，随着鱼体的长大，每天投喂次数逐渐减少至1～2次。②勤洗箱。网箱使用久了非常容易附着藻类或其他附生物，堵塞网眼，影响水体交换，引起鱼类缺氧死亡，故要常洗网箱，保证水流畅通，一般用高压水枪冲洗。③勤分箱。养殖一段时间后，鱼的个体大小参差不齐，个体小的抢不到食，会影响生长，且梭鲈生性凶残，放养密度大时，若投饲不足，就会相互残杀，因此，应及时分级分箱疏养。分养应在天气良好的早晨进行，切忌天气炎热或寒冷分箱，分箱时应将同一规格的鱼种同箱放养，避免大鱼吃小鱼的现象发生。④勤观察。每天观察网箱内鱼的活动、吃食情况，发现问题及时解决。

6. 病害防治

定期泼洒生石灰，每隔半个月进行1次环境消毒，即用适宜浓度的生石灰兑水趁热泼洒于网箱四周，每次连续2～3天。网箱养殖梭鲈会发生一种暴发病，该病主要症状为体表两侧腐烂，伴有鳍条基部充血，病鱼浮游水面，行动缓慢、反应呆滞，内脏有炎症，少量有腹水，肝肿大、发黄、坏死，来势凶猛，发病3天后会引起大批量死亡。可口服水产专用维生素C和复合维生素，结合二氧化氯和三氯异氰尿酸体外消毒，3天可以见效。具体方法是：每50千克鱼每天添加水产专用维生素C和复合维生素各25克，提高鱼体自身的抗病能力，网箱内用二氧化氯泼洒，浓度是常规用量的3倍左右；网箱外养殖水域用三氯异氰尿酸泼洒消毒。

四、微流水单养

在水库的下游以及有自流水条件的池塘养殖梭鲈可取得较好的效果。池塘面积667～1 334米^2，水深1.2～1.5米，池塘一般为长方形，进、出口设置防逃设施。放鱼前池塘要清整和除野。视流水池塘条件，投放鱼种的数量可高于静水池塘的70%～100%，喂养和管理方法大致与静水池塘养殖相同，梭鲈单产可提高80%左右。

1. 基本条件

进行循环微流水养鱼的池塘，池底面高应该基本在同一水平线上，以免影响水的有效循环。池塘水的深度不低于1.8米，最好保持在2.0～2.5米，池塘边坡度不可少于1.0∶1.5，最好是在1∶

(1.8～2.0)，以避免流水引起滑坡或坍塌。池埂可以砖石砌成，也可为土埂，以保证汛期不淹、不冲为准。

2. 循环通管的设置

循环通管的安装设置，应根据池塘的形状、排列的方式（单排、双排或多排）以及面积的大小来确定，其基本要求是尽量使池塘的水面部分可以流动和交换，减少死水面积。根据测定，长方形的鱼池，循环通管应设置在鱼池长边，进、出水口对角设置，用水泥管或水泥砖石砌管道，出水口高于进水口，出水口离水面5～10厘米，进口在水下70厘米。通管的内径为30厘米。进水口和出水口都必须用密眼鱼苗网片包扎严实，以免流水时跑鱼。

3. 微流水池鱼的日常管理

(1) 水体交换 池塘内水体每天交换循环量一般占池塘总水量的1/10～1/7，池塘中、上层水体溶解氧饱和时间的长短，对鱼的摄食影响较大，每天12：00—18：00水中溶氧量最高，在这段时间内进行池塘水体循环交换效果最好。一般池塘面积为1 334～2 668米^2，每天水体交换量为200～400米^3。

(2) 鱼种培育 每667米^{2}池塘放养寸片（夏花）1.5万～2.0万尾，肥水下塘。投饲坚持“四定”原则，精心喂养，通过微流水调节和改善水质，促进浮游生物繁殖，满足鱼类快速生长的需要，为鱼类营造良好的生态环境，提高鱼类对饲料的利用率。

(3) 成鱼饲养 池塘微流水循环饲养成鱼，投喂颗粒饲料，投喂坚持“四定”原则，注意鱼病的防治，精心饲养管理。由于池水经常呈微流状态，水体溶氧量分布均匀，一般不会发生浮头，饲料利用率和转化率高，一般情况下单产比普通池塘高1倍左右。

第三节　病害防治

梭鲈对病害抵抗力较强，一般较少发病，但如果管理不善，也有鱼病发生。常见病害主要为细菌性疾病、病毒性疾病和寄生虫病。当前梭鲈常见病害的有效防治技术和方法如下。

(一) 细菌性疾病

1. 烂鳃病

(1) 主要症状 病鱼体色黑暗，离群慢游于水面、池边或网箱的边缘，对外界反应迟钝。打开鳃盖观察，鳃瓣通常有腐烂发白或带污泥的腐斑，鳃小片坏死、崩溃，严重的发病鱼在靠近病灶的鳃盖内侧处充血发炎。由于病菌的入侵，部分病鱼自吻端到眼球处发白，池边观察其症状更清晰。病鱼口腔颌齿间上下的表皮发炎充血，严重者表皮糜烂脱落，糜烂处可看到淡黄色的菌团物（彩图32）。

(2) 病原及流行情况 该病是由柱状黄杆菌感染引起。菌体直径0.5微米，长6～12微米，革兰氏阴性，好氧，最适温度为25～28℃，培养基中NaCl含量超过0.5%时不生长，不分解琼脂、纤维素及几丁质。菌株在0.5%胰胨琼脂平板中生长良好，25℃培养24个小时后，菌落呈淡黄色边缘不整齐，假树根状。该病主要危害鱼种和成鱼，发病水温25～28℃，每年4—6月和9—10月为发病期，池塘和网箱饲养的梭鲈都有发生，死亡率较高，严重的鱼池发病死亡率达60%。

(3) 防治方法 ①1毫克/升的漂白粉或0.3～0.5毫克/升的强氯精全池泼洒，或用“鱼菌清2号”（中国水产科学研究院珠江水产研究所水产药物实验厂生产）全池泼洒，每667米^{2}每米水深用药200克，隔天使用1次。②已发病网箱可用2%～3%的食盐溶液浸泡鱼体15～30分钟后更换新网箱。③内服抗菌药物，如氟哌酸，每千克鱼用药30～50克，拌料投喂，连喂3～4天。

2. 白皮病

(1) 主要症状 病鱼体色变黑，在水面或网箱边缘缓慢游动，反应迟钝。两侧或背鳍、腹鳍、尾鳍基部或吻端病灶色素消退出现白斑，随着病程的发展白斑迅速扩展蔓延至躯干，严重发病鱼口腔周围至眼球处皮肤糜烂肿胀，眼睛混浊，在池边观察游动在水面的病鱼，容易看到发白的病灶，如“白皮”“白头”“白嘴”症状（彩

图 33）。

(2) 病原及流行情况 该病主要由柱状黄杆菌感染引起，通常在过筛分塘时由于操作不慎或寄生虫如锚头鳋、鲺感染损伤鱼体，病菌乘机入侵导致，每年 4—5 月为流行期，以网箱尤为常见，主要危害鱼种和成鱼。死亡率高达 30%～40%。

(3) 防治方法 ①鱼种在运输和过筛分塘时避免鱼体受伤。②及时杀灭体表的寄生虫。③一旦发病，可采取与烂鳃病相同的方法治疗。

3. 肠炎病

(1) 主要症状 病鱼腹部胀大，肛门红肿。下颌及腹部暗红色，重症病鱼轻压腹部可见从肛门流出淡黄色腹水，剖开腹腔可见积有腹水，流出的腹水经几分钟后呈“琼脂状”，肠管紫红色。用剪刀将肠管剖开，肠内充满黏状物，肠内壁上皮细胞坏死脱落，严重的病鱼整个腹腔内壁充血，肝脏坏死（彩图 34）。

(2) 病原及流行情况 该病主要由爱德华氏菌或点状气单胞菌感染引起，菌体短杆状，单个或 2 个相连，革兰氏阴性。肠炎病全年均可发生，春、夏季节尤为严重，通常是投喂变质或不洁的冰鲜鱼或人工饲料引起，危害对象以鱼种和成鱼为主，急性发病，死亡率较高。

(3) 防治方法 ①杜绝投喂变质或不洁的饲料，投饲时做到定质、定量。②鱼池用二氧化氯泼洒消毒，每 667 米^2（水深按 1 米计）用药 200 克。③内服土霉素，每 100 千克鱼用药 10～20 克，或氟哌酸 4～5 克拌料投喂，连续 3～4 天，或用恩诺沙星拌料投喂，连续 3～4 天。

4. 溃疡综合征

(1) 主要症状 发病初期，病鱼躯干、头部出现小红斑，周围鳞片松动脱落。随发病程度严重，病灶表皮及肌肉溃烂，病灶通常为圆形或椭圆形并伴有如水霉状的絮状物附着，同一尾病鱼出现多个病灶，在头部、背部、体表两侧数目不等，严重时烂至骨头，一些病鱼下颚骨断裂，鳍条缺损，内脏病变通常不明显（彩图 35）。

(2) 病原及流行情况　溃疡综合征是一种综合性疾病，病因比较复杂，主要病原有嗜水气单胞菌、温和气单胞菌以及镰刀菌等细菌。该病在每年的12月至翌年的4月较为常见。危害对象以成鱼为主，损伤后的鱼很容易引发此病。池塘、网箱均有发生，严重的鱼塘发病率高达60%。

(3) 防治方法　①鱼种放养前做好清塘消毒，通常用漂白粉+生石灰较好，每667米^2（水深按1米计）使用漂白粉10千克，生石灰75千克。②降低养殖密度，加强饲养管理，在养殖后期饲料中添加维生素C和多维，增强鱼体的抗病能力，添加量为鱼体重的0.3%～0.5%。③发病鱼塘选用二氧化氯0.3～0.5毫克/升或苯扎溴铵溶液等消毒剂全池泼洒。④结合水体消毒的同时内服诺氟沙星、恩诺沙星等，每千克鱼用药30～50克，连喂4～5天。

5. 诺卡菌病

(1) 主要症状　病鱼食欲减退，离群游于水面或池边，体色变黑。解剖观察发现，脾、肾、肝、肠系膜、鳔等处布满小白点，类似于结节状物。严重时肾脏、鳃耙骨和肌肉有较大的白色隆起脓包，刺破后流出白色或带血的脓液组织，病鱼呈贫血状（彩图36）。

(2) 病原及流行情况　该病主要由诺卡菌感染引起，菌体直径0.2～1.0微米，长2～5微米。短杆状或细长分枝，生长缓慢，革兰氏阳性，在血平板培养基上菌落呈白色沙粒状。该病是近年常发生的疾病，5—7月为发病流行期，以危害成鱼为主，发病率和死亡率较高，而且严重影响成鱼的商品价值。

(3) 防治方法　①鱼种放养前做好清塘消毒工作，杀灭水中的病原菌。②加强饲养管理，定期添加维生素C和多维，增强鱼体的抗病能力。由于诺卡菌生长较慢，发病初期无症状或症状不明显，且病程持续时间长，故给早期诊断和治疗带来困难。③及时清除病鱼防止病情蔓延。梅雨季节，保持水源清洁，经常换用新水，防止水体富营养化，在养殖的中后期定期投放光合细菌类微生物制剂调节水质。④发病流行季节用苯扎溴氨2～3毫克/升进行水体消毒，隔2天使用1次。⑤内服“鱼必康”、强力霉素、氟苯尼考等抗生素，并以恩诺沙星拌饲投喂，每千克鱼40～50克，连续4～5天。

（二）病毒性疾病

1. 病毒性溃疡病

（1）主要症状 病鱼体色变黑，眼睛出现白内障，体表大片溃烂呈鲜红色，尾鳍或背鳍基部红肿，肌肉坏死，部分病鱼胸鳍基部红肿溃烂，下颌骨两边鳃膜有血疱隆起。剖检发现肝、脾、肾病变不明，但因心血管出血、心腔有血块凝聚，少数病鱼腹膜硬化成干酪状（彩图37）。

（2）病原及流行情况 该病是由溃疡病虹彩病毒（蛙病毒属中的一种虹彩病毒）感染引起，病毒呈六角形，正二十面体对称结构，病毒粒子有囊膜，大小为130～145纳米。该病于2008年被首次发现，发病水温通常在25～30℃，主要危害成鱼，但近几年发现该病毒也感染小规格鱼苗和鱼种，死亡率高达60%以上。

（3）防治方法 目前尚无有效的治疗药物，发病期间可定期泼洒聚维酮碘或戊二醛全池消毒，同时在饲料中拌服“三黄散”和水产用“多维”。

2. 脾肾坏死病

（1）主要症状 病鱼体色变黑，肝、脾、肾肿大，部分病鱼眼睛凸出，肝肿充血或变白，脾暗红色，少数濒死病鱼有旋转行为。

（2）病原及流行情况 该病是由虹彩病毒科（Iridoviridae）细胞肿大病毒属中的一种病毒感染引起。病毒切面为六角形，二十面体对称结构，无囊膜，直径145～150纳米。该病是近年新发现的疾病，发病水温通常在25～30℃，该病呈暴发性死亡，死亡率高达80%。

（3）防治方法 目前尚无特效药可治疗。发病初期全池泼洒聚维酮碘和“大黄流浸膏合剂”消毒有一定防治效果。

3. 旋转病

(1) 主要症状 病鱼腹部肿大或体色变黑，消瘦，游动无力，在水中旋转，下颌充血，腹部有充血的斑块。剖检观察发现，鱼体腹部肿大的病鱼肝肿大，变白或充血，个别病鱼有腹水，眼睛凸出。

(2) 病原及流行情况 初步诊断该病由病毒感染引起。主要感染苗种阶段，发病水温通常在23～26℃，死亡率高达50%以上。

(3) 防治方法 目前尚无特效药物可治疗，发病初期全池泼洒碘制剂消毒有一定的防治效果。

(三) 寄生虫病

1. 车轮虫病

(1) 主要症状 病鱼体色黑暗，鳃有较多黏液，消瘦，群游于池边或水面。取鱼鳃组织在显微镜下观察，可见大量的车轮虫，虫体侧面像碟形或毡帽形，反口为圆盘形，内部有多个齿体嵌接成齿轮状结构的齿环（彩图38）。

(2) 流行情况 此病流行于培苗期间，通常在3—5月，主要危害10厘米以下的种苗。水泥池或鱼塘培育的鱼苗都会发病。

(3) 防治方法 用硫酸铜与硫酸亚铁合剂（5∶2）0.7毫克/升或“虫藻净”全池泼洒。

2. 杯体虫病

(1) 主要症状 病鱼群游于池边或水面，体表、鳍条黏附有灰白色的絮状物，似水霉感染，将此物在显微镜下观察，可见大量的杯体虫，虫体容易伸缩，身体充分伸展时，一般的轮廓像杯体形或喇叭形，前端是圆盘状的口围盘，其边缘围绕着3层透明的缘膜，其里面有1条螺旋状的口沟，大核近似三角形或卵形，小核球形或细棒状，身后端有1条吸盘状结构称为茸毛器，借此把身体黏附在鱼体上（彩图39）。

(2) 流行情况 该病流行于3—5月培苗期间，主要危害种苗。水泥池和鱼塘培育的鱼苗都会发病。

(3) 防治方法 与车轮虫病防治方法相同。用硫酸铜与硫酸亚铁合剂（5∶2）0.7 毫克/升或“虫藻净”全池泼洒。

3. 斜管虫病

(1) 主要症状 病鱼体色黑暗，皮肤和鳃有较多黏液，消瘦，群游于池边或水面。取鳃组织在显微镜下观察，可见大量的斜管虫，虫体侧面观察，背部隆起，腹面平坦，左右两边不对称，左边较直，右边稍弯，后端有凹陷，腹面前端有 1 个漏斗状的口管，腹部长着许多纤毛，游动较快（彩图 40）。

(2) 流行情况 此病流行于培苗期间，主要危害 10 厘米以下的种苗。水泥池或鱼塘培育的鱼苗都会发病。

(3) 防治方法 用硫酸铜与硫酸亚铁合剂（5∶2）0.7 毫克/升或 25～30 毫升/米^3 的福尔马林溶液全池泼。

4. 小瓜虫病

(1) 主要症状 患小瓜虫病的梭鲈首先在鱼体体表、鳍条上出现少量白色小点，鱼体因受刺激而不断在池底摩擦。随着病情的加重，鱼体头部、鳃、鳍条和口腔等处布满小白点，并伴有大量黏液，鳃组织充血发红。严重时，病鱼体表黏液增多，表皮糜烂，局部坏死。鳞片脱落，鳍条腐烂，鳃部受损严重。病鱼离群，反应迟钝，漂浮水面，食欲下降，引起鱼体消瘦，皮肤伴有出血点，有时左右摆动，最后病鱼因呼吸困难而死亡。镜检可见明显的球形虫体，虫体有 1 个马蹄形大核和 1 个圆形小核，在低倍镜下连续观察，一个视野有 6～8 个虫体，即可确诊。如果没有显微镜，可将有小白点的囊泡刮下放在滴水的载玻片上，或放在盛有水的白瓷盘中，在有光线的地方，用解剖针刺破囊泡膜，如见有虫体流出，在水中活泼游动，即可做出诊断（彩图 41）。

(2) 流行情况 该病在 3—5 月、水温 15～25℃时流行，危害 3～10 厘米的种苗，常见于室内或池塘水体小密度大的培育池，如不及时处理会造成较大的死亡。

(3) 防治方法 食盐与福尔马林联合使用。先用 2%的食盐对病鱼进行药浴 20 分钟；之后再使用福尔马林 200 毫升/米^3 对病鱼药浴 1 小时，连续治疗 5 天。该方法对小瓜虫的杀灭效果较好。

此外，也可用“瓜虫灵”。“瓜虫灵”为高聚合碘，能够快速控制和治愈小瓜虫病，对人、畜均无毒副作用，无环境污染，对鱼体刺激作用小，可长时间使用。

总而言之，在梭鲈养殖过程中，实际生产中危害比较严重的主要还是细菌性病害，而寄生虫病、水霉病以及病毒病一般发病率不高。因此，对于这些病害，笔者觉得主要还是要依靠必要的预防措施，重在预防，要做好：① 引进鱼苗和鱼种时，严格实施检验检疫制度；②加强饲养管理水平，尤其要保持良好的水质和底质，维持良好的藻相、菌相平衡。

第四节　高效生态养殖模式介绍

一、成鱼池低密度套养模式

在成鱼池套养梭鲈可以达到清除野杂鱼、改善养殖条件、节约饲料、提高产量的效果，同时又可将低值鱼类转化成高档鱼类，提高池塘的利用率和经济效益。梭鲈鱼种的套养规格为 50～150 克，放养量为 300～450 尾/公顷；若放养大规格夏花，如 6～8 厘米的鱼种，套养量以 450～750 尾/公顷为宜。作为配养鱼的梭鲈投放量与梭鲈的计划产量和管理方法有关。主要取决于池塘中饵料鱼的丰歉和人工辅助饲料投喂情况，若管理得好，套养梭鲈鱼种的池塘秋后可出塘商品鱼 300～450 千克/公顷。套养梭鲈夏花的池塘可出塘大规格梭鲈鱼种 450～600 尾/公顷。应注意：① 因梭鲈耗氧量大。池塘应经常保持较高的溶氧量，故高产塘不宜套养梭鲈。②成鱼池鱼种的放养规格应不小于套养梭鲈的规格。③池塘应保持足够量的饲料，包括饵料鱼和人工投喂的饲料。④梭鲈栖息于水体中、下层。起捕率高，在拉网密集时，应先将梭鲈挑出，避免因困箱缺氧而造成死亡（彩图 42）。

二、池塘高效健康养殖模式

梭鲈单养池要求水质清新、排水和注水方便，水深 2.5 米左右。因夏季水温较高，水深时梭鲈可栖息于底层，水温较低。池塘面积以1 500米^{2}左右为宜。规格50～100克的鱼种放养量为6 000～9 000尾/公顷。同时配养20%～30%大规格鲤、鲢、鳙等，以充分利用水体和提高效益。秋后可出塘梭鲈商品鱼3 000～4 500千克/公顷和配养鱼商品鱼1 200～1 800千克/公顷。日常管理工作包括：①投喂充足适口的饵料鱼或设置食台投喂适口的鲜冻鱼及人工配合饲料。总投喂量为商品鱼产量的4倍左右。②采取生物增氧和机械增氧措施，经常保持水体的高溶氧量，最好在5毫克/升以上。③每天检查梭鲈的生长和吃食情况，检查饵料鱼的数量和投喂饲料情况，发现问题及时解决。同时还要检查有无鱼病发生，做好防病工作。④经常注入新水，保持池水清新（彩图43）。

三、微流水池塘单养模式

在有条件的地方采用自流水的池塘养殖梭鲈成鱼可取得较好效果。池塘面积为330～1 300米^2，水深1.2～1.5米。池埂可以砖石砌成，也可土埂，以保证汛期不淹不冲为准。池塘一般为长方形，进、出水口要设最牢固的防逃设施。放鱼前池塘要清整和除野。视流水池条件投放鱼种数量可高于静水池塘养殖的50%～100%。不需或少量配养其他鱼类，喂养和管理方法大致与静水池塘养殖相同，其梭鲈单产可提高1倍以上（彩图44）。

第九章　梭鲈养殖实例

一、珠江三角洲地区高产精养模式

2003年，广东省佛山市顺德区杏坛镇冯氏特种水产养殖场开始从新疆引进梭鲈鱼苗进行成鱼池塘养殖，经过1年的试养，鱼种成活率在90%以上，产量平均达每667米^{2}0.55吨。

1. 养殖品种和养殖方法

(1) 品种　养殖鱼苗来自新疆额乐齐斯河水系，尼龙袋充氧空运，试验用鱼苗8 000尾，规格15～20尾，体长5～6厘米。

(2) 池塘条件　池塘地点选择位于佛山市顺德区杏坛镇北沙村。鱼塘经过重新整治，高标准、连片，进、排水方便，水源水质较好。池塘面积4 002米^2，池塘深3米，水深2.5～2.8米。

(3) 鱼种培育　鱼苗投放前用生石灰消毒池塘。鱼苗投放时不要急于打开充氧袋，将充氧袋置于池塘中，使鱼苗适应温差的变化，待袋内温度与池塘水温度相差2℃时才打开充氧袋，再用3%的食盐水消毒鱼苗10分钟后投放下塘。

(4) 养殖方法　采用池塘主养梭鲈的养殖方式，梭鲈苗种放养密度为每667米^2 1 200尾，搭配鳙30尾用于调节水质。

(5) 饲养管理　梭鲈是天然水域中的掠食性鱼类，对水质的要求很高，应注意水质的调节。特别是溶氧量，溶氧量低于4.0毫克/升出现浮头现象。因为梭鲈是冷水性鱼类，珠江三角洲地区温度比较高，每隔10天加注新水30厘米，同时也可排出部分废水，控制水质，保持池塘水质清爽、由于在广东顺德盛夏季节池塘水温较高，远超梭鲈的适温上限，采取搭建降温棚，在池塘上面架设遮阳网降温：在池塘水面养殖凤眼莲；少拉网掠扰。

选择饵料鱼时，要考虑投放鱼苗的规格对梭鲈的适口性，在放养梭鲈苗种前5天先放饵料鱼。4～5厘米时开始以饵料鱼为食，也可配套驯化摄食冰鲜鱼，饵料鱼的投放方法与鳜差不多，但投喂的饵料鱼规格与鳜相比稍小 20%～30%为宜。

梭鲈鱼苗规格要整齐，因此，每个月拉网检查鱼体生长情况，及时调整投喂量，饲料投喂均匀、足够，应避免在饲料不足时出现因大小悬殊相互残杀的现象。有条件的养殖者应分开池塘按不同规格养殖。如果饵料鱼适口充足，经过 1 年养殖的鱼种可长至0.50～0.75 千克/尾。

(6) 病害防治 在鱼苗或养成阶段，抗病能力较强，不易得病，在顺德试养尚未发现病害。在养殖过程中每半个月内服 1 个疗程的大蒜素，并利用生石灰、漂白粉定期对水体、鱼塘进行消毒，重点防治车轮虫和指环虫类。

2. 产量和效益

至 2004 年 4 月，经过 1 年的养殖，4 002米^2 池塘产量为 3.3 吨，平均每 667 米^2 产量 0.55 吨，每千克 70 元。按实际销售价格，收入 23.1 万元，扣除塘租、苗种、电费和饲料等费用 16.62 万元，利润为 6.48 万元，每 667 米^2 利润 1.08 万元，取得了较好的经济效益。

二、内陆地区主养梭鲈模式

(一) 山东省临朐县淡水养殖试验场养殖实例

该养殖场与山东省淡水水产研究所合作，从新疆维吾尔自治区福海县引进梭鲈乌仔 1 万尾，当年梭鲈鱼种平均体重 75 克，翌年平均体重 480 克，主要技术如下。

1. 养殖条件与养殖方法

(1) 池塘条件 1 号池培育梭鲈鱼种，为水泥池，大小为 14 米×5 米，面积 70 米^2，池深 1 米；2 号池梭鲈单养水泥池，大小为 10 米×4 米，面积 40 米^2，池深 0.8 米；3 号池为混养池，土池，南北方向，大小为 35 米×20 米，面积 700 米^2，池壁为垂直石砌，池深 1.7 米，池底淤泥深达 30 厘米。放养前 10 天，水泥池和土池分别用漂白粉、生石灰彻底清塘。

(2) 饲料　1冬龄前鱼种投喂的饲料有大型浮游动物、鲤颗粒饲料粉碎后过筛的微粉粒饲料和软颗粒饲料。养成饲料有软颗粒饲料和小活鱼。

(3) 水源与水质　1号与2号池的水源为临朐县冶原镇老龙湾泉水，池塘距水源不到100米，微流水养殖。夏、秋季节水温22～20℃，冬、春季节水温10～13℃，溶氧量4.6～8.0毫克/升，氨氮1.18～0.26毫克/升，有机耗氧量2.14～10.37毫克/升，pH 6.99～7.97；3号池水源也为老龙湾泉水，但经过长2千米的渠道后进入池塘。池水温度夏秋季34～26℃。冬春季4～23℃，水体溶氧7.31～12.6毫克/升，氨氮0.22～6.93毫克/升，有机耗氧量0.42～10.45毫克/升，pH 6.89～8.60。

(4) 苗种放养及1冬龄鱼种养成　1996年6月20日从新疆福海引进梭鲈乌仔1万尾，经26小时运输，成活率80%，经暂养过数放入1号池中饲养。1997年3月1日，将梭鲈1冬龄鱼种500尾放入2号池微流水饲养，将800尾鱼种放入3号池饲养，搭配尾重200克的鲫200尾，平均体重250克的鲢200尾。

(5) 日常管理　主要是池塘水质调控、人工饲料选择和投喂、鱼病防治等。

水质调控：梭鲈乌仔引进后放入1号池饲养，因水源为泉水，从6月21日起，对池水水温进行观测，每天07：00和14：00各测水温1次，每个月测池水溶解氧、氨氮、有机耗氧量、pH各1次。根据所测数据，及时调控水质。

3号池也进行了上述数据监测。夏季水温高达34℃，及时灌注井水降温，每个月用20～30千克生石灰全池泼洒1次。在饲养过程中，2号和3号池内都放适量的水葫芦。

饲料选择与投喂：乌仔放于1号池翌日即开始投喂捞取的浮游动物和鲤颗粒饲料粉碎后过筛的微粉粒，每天投喂1次，投喂时间为09：00～10：00。

投喂量：浮游动物湿重1.0～1.5千克，微粉粒饲料0.15～

0.40千克，经15～18天饲养，梭鲈苗种全长可达4～5厘米，体重1克左右。18天以后，投喂由鲜鱼肉（60%）、鱼粉（10%）、豆粕（10%）、麸皮（10%）和黏合剂（10%）组成的经颗粒饲料机制成不同规格的长条状软颗粒饲料，每天投喂2次，分别为10：00、17：00各1次，投饲量为鱼总体重的5%～8%。经120～140天饲养，出池鱼种平均体重75克。在各个不同的生长阶段，投喂充足和适口的饲料，是促进苗种生长和提高养殖成活率的关键。

1997年3月2日。部分梭鲈鱼种放入2号池单养，投喂的饲料为由鲜鱼肉（70%）、豆粕粉（10%）、麸皮（10%）、黏合剂（10%）制成的长条形软颗粒饲料，每天投喂2次，09：00、17：00各1次，投饲量为鱼总体重的3%～5%，17：00投喂量占当日总量的60%。

3号池为混养，投喂小活鱼，如小的鲤、鲫、鲢，投饲量为梭鱼鱼种总体重的5～7倍，3—6月每2个月投小活鱼1次，7—11月每1.5个月投小活鱼1次。

鱼病防治：夏季高温季节，所有池塘每个月用生石灰浆全池泼洒1次，在鱼种培育和养成阶段，未用其他药物。

2. 养殖结果

1号池塘于1996年6月20日投放梭鲈乌仔6 000尾，经120～140天饲养，11月20日出池，鱼种平均体重75克，饲养成活率50%。2号池于1997年3月1日投放梭鲈鱼种500尾，平均体重80克，经240～250天饲养，于11月10日出池，平均体重480克，饲养成活率84%。3号池于1997年3月1日放养梭鲈鱼种800尾，平均体重70克。经240～250天饲养，于11月12日出塘，平均体重560克，饲养成活率88%。

（二）辽宁省淡水水产研究所梭鲈养殖实例

该研究所于1996年在其养殖基地利用与新疆地理条件相近的优势，引进梭鲈进行养殖。

1. 池塘条件

池塘面积1 334米^2，底质为泥质。水深1.5～2.0米，水源为深井水，排、注水均用水泵抽提。

2. 鱼种

1996年6月19日从新疆空运夏花鱼种2 746尾，下塘鱼苗2 659尾，运输成活率为96.8%。

3. 饲养方法

鱼苗下塘前用鸡粪500千克肥水，使梭鲈苗下塘时有适口的饵料。

控制水质：鱼苗下塘后每15天加注新水，培育期池水溶氧量在3.00毫克/升以上。pH在7.4～8.0，透明度37～40厘米，水温22～27℃。

投饲鱼苗下塘后，根据池中生物饵料的密度，适时投喂一定量的“红虫”。1周后，开始投喂鲜鱼糜，并逐步投喂全价配合饲料，进行驯化。每天投4次，投饲量为鱼体重的4%～6%，同时根据生长情况，适当投喂活的野杂鱼。

病害预防：鱼苗下塘后，15天泼洒生石灰1次（每667米^2 15～20千克）。生石灰经试泼洒无异常反应后按时进行。在整个饲养期未见鱼病发生。

4. 结果

1996年6月19日下塘，10月26日收获，共饲养128天，平均个体全长17.5厘米，体长14.4厘米，体重43.6克，增重倍数达72.6，日均增重0.34克，最大个体达220.5克，共出塘1 243尾，成活率46.7%，3网起捕率84.6%。

三、河蟹池塘套养梭鲈养殖模式

江苏省兴化市繁彬水产养殖有限公司利用梭鲈的肉食性习惯，在扣蟹培育池、成蟹养殖池套养梭鲈，利用梭鲈控制蟹池中小杂鱼的生长，并将低值的鱼类转化为优质的鱼体蛋白质。主要技术要点如下。

1. 养殖池塘与方法

(1) 池塘条件 扣蟹培育池面积为4 175米^2，平均水深0.7米，最深处1.2米。进、排水方便。成蟹养殖池面积6 670米^2，平均水深1.2米，最深处1.5米。

(2) 池塘准备 扣蟹培育池和成蟹养殖池在蟹苗和蟹种放养前一年要进行池塘清整，栽种伊乐藻，池埂上设置防逃设施。扣蟹培育池开挖集鱼区，面积约占全池面积的20%以上，集鱼区水深达1.2米，以便在高温季节，梭鲈能安全度夏。

由于梭鲈为凶猛性鱼类，主要以鲜活小型鱼类为食，故将干池所得到的小型鱼类在清塘结束15天以后放回原池塘。4月，在扣蟹培育池和成蟹养殖池中各放置2个5米×8米的网箱，在市场上挑选发育良好的鲤8组，固定于网箱内四侧面，鱼巢设置于水面20厘米以下，让鲤自然产卵、孵化，以此作为梭鲈的饵料使用。

2. 苗种放养

(1) 扣蟹培育池苗种的放养 5月23日，扣蟹培育池放养从江苏省如东县一河蟹人工繁殖场购买的大眼幼体3.5千克。6月26日套养自行培育的梭鲈夏花鱼种90尾，规格为4～5厘米。

(2) 成蟹养殖池苗种的放养 2月15日，成蟹养殖池每667米^{2}放自行培育的蟹种600只，规格为100～200只/千克，要求规格整齐，附肢齐全，爬行敏捷，无病害。6月26日每667米^{2}套养自行培育的梭鲈夏花鱼种20尾，规格为4～5厘米，共200尾。

3. 饲养管理

(1) 蟹池投饲 扣蟹培育池主要对大眼幼体进行人工投喂，对梭鲈则不进行投饲。大眼幼体刚下塘10天内，用鱼糜泼浆投喂，每天3次，之后，用专用的配合饲料喂养，每天投喂2次。

(2) 成蟹养殖池投饲 每667米^{2}移植螺蛳100千克，养殖期间投喂玉米、小麦等。

(3) 水质控制与防病 定期加注新水。15天左右换水1次，高温季节10天换水1次，每次换水量为10%。同时，在养殖过程中，高温季节每10天使用光合细菌全池泼洒1次，浓度为8毫升/米^3，以此提高水体的自净能力，保持水质清爽。

4. 结果

2005年11月23日扣蟹池收获梭鲈64尾，平均体重256克，最大体重为357克，成活率为71.1%。收获扣蟹296千克，规格为240～300只/千克。12月25日，成蟹池共收获梭鲈133尾，平均体重为409克，成活率为66.5%。共收获商品蟹520千克。

四、梭鲈苗种大面积土池塘繁育

（一）新疆维吾尔自治区福海县水产局梭鲈繁育实例

该局利用野生梭鲈为亲鱼进行大面积池塘繁育，比小面积池塘繁育取得了更好的效果。

1. 池塘条件和方法

（1）池塘条件 亲鱼培育池塘1个，面积为6 670米^2，水深0.7～1.2米。底部淤泥较少，也作为孵化池和苗种培育池。在孵化和苗种培育期间适当加水，提高水位。

（2）亲鱼来源 2002年4月中旬开始，以在布伦托海湖73千米小海子收集的野生梭鲈作为亲本，规格为1.0～5.5千克/尾，其中雌性6尾，雄性8尾。雌雄比例为1∶1.3。亲鱼收集后，首先放在5%的食盐溶液中消毒5～10分钟，直接放入产卵池（亲鱼培育池），每天定时、定量投喂新鲜的杂鱼（切成鱼片）。

苗种培育阶段主要依靠池塘培育的天然饵料。

（3）人工繁殖 4月下旬至5月上旬，通过定期加水，刺激亲鱼同步排卵受精。因梭鲈有恋巢和护巢习性，孵化后捕出放入其他亲鱼池。

2. 主要技术措施

（1）梭鲈的人工繁殖 ①亲鱼的雌雄鉴别。在繁殖季节，雌鱼的生殖器外凸且红润，腹部丰满；雄鱼的生殖孔不太明显。体色比雌鱼明显。②鱼巢的人工设置。鱼巢用棕榈皮做成，底架用8厘米的钢筋8根，扎成方形底座，在其上面捆上棕榈皮，经过漂白粉消毒晒干后，放入水池，鱼巢的数量根据亲鱼的对数而定。③受精卵孵化。水温5～6℃时通过多次更换池水，刺激亲鱼产卵排精，从而可达到池内亲鱼同步排卵受精的目的。由于亲鱼产卵排精后雄性梭鲈有护巢习性，用胸鳍或尾鳍大幅度地扇动鱼巢，造成水流，清除鱼巢受精卵的泥沙和排泄物，不断更换新水和氧气，因此，将鱼巢移置其他鱼池。由于梭鲈受精卵的孵化时间较长（一般水温10℃左右需5～10天），水温较低，易受水霉病的影响，因需定期使用漂白粉进行消毒；为了给仔鱼出膜后大量提供轮虫等适口天然饵料，产卵排精后开始施肥养水。

(2) 仔鱼和夏花的培育 仔鱼出膜后投喂蛋黄等适口饲料，通过2～3天的饲养后即可开始平游，卵黄逐渐消失，仔鱼这时可主动捕食轮虫等天然饵料，即主要依靠池内培育的天然饵料来生长，定期观察池内浮游生物的多寡，投放经腐熟发酵消毒过的有机肥。必要时投施无机肥。同时定期加水，调节水质。这期间的技术关键在于饵料一定要充足，否则会造成因个体大小差异而导致相互残杀捕食，降低成活率。

3. 结果

(1) 产卵受精 共产卵5尾亲鱼，催产率达到83.3%，产卵约120万粒；平均受精率为72%（1对亲鱼在鱼巢上偏产，还有1个鱼巢上的产卵受精率只有不到30%，因此降低了平均受精率），共收获受精卵约86万粒；孵化率为80%，孵化出仔鱼68.8万尾。

(2) 夏花培育 经过25天的培育。共育成规格2～3厘米的梭鲈夏花12.9万尾。育成12～18厘米的鱼种共2 000多尾，从仔鱼至夏花的成活率为20%～30%。

（二）北京市密云县水产服务中心梭鲈繁育实例

该中心为了加快当地亚冷水性鱼类养殖业的发展，在北京地区开展了土池培育梭鲈鱼苗的实践。

1. 夏花培育

采用自己繁育的夏花鱼苗进行培育，梭鲈鱼苗孵化后4～5天内以自身的卵黄囊作为营养来源，此阶段鳍条尚未完全分化，只能做间歇性的垂直游动。由此时期开始向孵化池中泼洒豆浆。先将黄豆用温水浸泡8～10小时，浸泡以黄豆豆瓣胀满，轻捏散瓣为宜，随后磨成豆浆，边磨豆边加水，每次磨黄豆1.5千克，豆浆经煮沸后全池泼洒，每天泼洒1次，以此来肥水培育丰富的浮游动物。4月21日，当梭鲈鱼苗陆续开始破膜时，每天泼豆浆2次，上午、下午各1次，每次磨黄豆1.5千克，同样经煮沸后全池泼洒。每次泼洒时延长泼洒时间，以保证豆浆颗粒在水层中有较长的停留时间，从而增加鱼苗的摄食机会。培育期间密切观察水质变化和浮游动物组成及数量，水色保持黄褐色，浮游动物以轮虫和小型枝角类为主。

当鱼苗由破膜时的5毫米增长到20～30毫米时，成群地沿池边顺时针游动，表明饵料不足。发现这种情况后，随即向池塘中补充鲤乌仔80.0万尾，不久这种现象消失。

2. 鱼种培育

随着梭鲈夏花不断生长，陆续向池塘中补充鲤夏花、麦穗鱼、劣质观赏鱼苗、鲢的鱼苗。梭鲈鱼种摄食凶猛，摄食时经常缓慢游动于水体中、上层，当饵料鱼从后方游向其前上方时，梭鲈便加速游动，冲刺上去，上、下颌迅速张开将饵料鱼咬住，即刻迅速猛烈摆动头部将饵料鱼吞下；若饵料鱼较大难以吞下时，梭鲈会游动一段距离后将饵料鱼吐出，因此，可以在池边看到有些饵料鱼游动缓慢且身体后半部发白，就是由于这种原因造成的。同时梭鲈鱼种摄食量大，在较短时间内可吞下数尾饵料鱼，所摄食饵料鱼的总重量可达到其体重的50%左右。经解剖表明：82毫米的梭鲈鱼种数小时内吞下4尾饵料鱼，饵料鱼全长28毫米，占梭鲈全长的34%；全长77毫米的梭鲈鱼种不足2个小时连续吞下3尾饵料鱼，饵料鱼全长26毫米，为梭鲈全长的33.8%，3尾饵料鱼的总体重为这尾梭鲈鱼种体重的5%。

3. 培育结果

7月2日拉网出塘时，梭鲈鱼种全长70～125毫米，平均体重3.55克，尾数2.0万尾。取得了不错的培育效果。

第十章 梭鲈上市和营销

第一节 捕捞上市

一、捕捞

捕捞分为完全捕捞和部分捕捞两种：前者将所有鱼类从池塘中集中一次捕出；后者即每一次仅从池塘中捕出部分鱼类。完全捕捞通常采用反复拉网或将池塘排干的方式。在平原的池塘，通常用拉网起捕，在丘陵型山塘，通常先将水位降低，再拉网捕鱼（彩图45）。能排水的池塘，最后再用拉网或抄网在近排水口处将剩余鱼类捕出。

捕捞时应注意捕捞方法及天气变化，以免造成死亡。在捕捞时应注意以下事项：①捕前应提前1天停喂饲料。夏季水温高，鱼类摄食旺盛，活动力强，摄食后增加耗氧，增大活动能力、消耗体力，运输时死亡率高。②捕捞前先排放一半的池水，利于拉网捕鱼。③捕捞时间。夏季捕鱼要求在溶氧量较高时进行。如为了适应“早市”供应，需要在下半夜捕鱼时，应选择晴天、气候凉爽时进行。但有浮头预兆和出现浮头时，严禁拉网捕鱼。傍晚不能拉网，以免引起上、下水层提早对流，增加夜间池水的耗氧因素，造成浮头。④运鱼箱水温与池塘水温温差不宜过大（最好不要超过5℃）。如果要降温也必须逐渐降低。⑤加注新水。如果是部分捕捞，捕捞后要开动增氧机或加注新水，使鱼类有一段顶水的时间，能冲洗掉鱼体上分泌的黏液，特别是鱼鳃上的附着物，有利于池塘中剩余鱼类恢复体质，并可增加池水中溶解氧。⑥全池泼洒消毒药物。部分捕捞后应全池泼洒消毒药，如漂白粉1毫克/升。

另外，在捕鱼前还应做好渔获物蓄养和运输的准备。梭鲈和其他淡水鱼一样，产品大多集中在秋、冬季节起捕上市，有时因过于集中，导致一时难以出手，必须有蓄养的准备，即使运输，启运前也有一段需蓄养。蓄养最常用的是网箱，但蓄养期间应加倍小心，特别要防鱼类应激缺氧，还要防范偷盗。

二、暂养

为了提高暂养的成活率，选择体表完好无外伤、活力强的梭鲈进行暂养是很重要的。暂养规模可大可小，方法多样，应该根据当时当地的实际情况，采用不同的暂养方法。常用的暂养方法主要有网箱暂养和水泥池暂养。

（一）网箱暂养

1. 网箱制作及设置

网箱可用敞口框架浮动式网箱或封闭式担架浮定式网箱。网箱面积大小根据需要确定，太大管理不便，太小鱼易受伤，一般为20～25米^2。如1只面积25米^{2}的网箱，长、宽、深以5米×5米×2米为宜。箱体用无节网片。网目尺寸要以饵料鱼不逃逸为目的，如果网目尺寸太小，容易造成网箱内外水体交换不畅，使箱内水质恶化；经常清洗网箱，又会增加网箱管理人员劳动强度。一般网目规格为2.0～2.5厘米。

凡是适宜养殖鲢、鳙的水域都适合网箱暂养梭鲈，尤以选择主河道中、上游易管理的地段更佳。

2. 暂养密度及时间

上述规格的1只25米^{2}的网箱一次可以暂养梭鲈350～450千克。暂养时间为3～4天，最多不能超过半个月。因为梭鲈生长具有很明显不平衡性，且在网箱内梭鲈生长迅速，较短时间内个体差异会相当大，所以为防止互相蚕食，必须及时出运。

3. 饲料投喂

在暂养期间要坚持投饵料鱼，饵料鱼以活的鲢、鳙为主，捕捞的野杂鱼为辅，如鲦、罗汉鱼、鲮等。饵料鱼的较为合理的体长应该是暂养的梭鲈体长的30%～50%，太长往往会造成梭鲈吞食不下又咬不断而被卡死，影响暂养成活率；饵料鱼过小，梭鲈每天吞食数量太多，又会提高饲料成本。因此，每3～5天投喂1次，日投饲量占梭鲈总重的4%～6%。在运输前，要停喂1～2天，使腹内积食排出，减少运输途中的排泄物对水质的污染，以提高运输鱼的成活率。

4. 暂养期的管理工作

暂养期间要坚持巡箱，每天巡箱1～2次，仔细观察网衣是否破损，一旦发现网箱有破洞应立即补好。如暂养时间长，每3～4天需洗箱1次，以保持水体流畅清新。

（二）水泥池暂养

1. 建池的地址

暂养池可建在靠近好水质和交通方便的河道附近，以便于管理、起捕和装运。

2. 水泥池结构

水泥池一般砌成圆形、长方形、正方形，以圆形较好。如能将池做成半埋式更好，以便操作。池底要有2%～3%的坡度，以利于清池排污。池底设一排污口，与排污口相连的聚乙烯管埋于基础当中伸向暂养池外，管端以阀门控制水量。池面积为40～50米^2，池高1.2～1.3米，水深1.1～1.2米。

3. 暂养密度

水泥池暂养梭鲈是静水中暂养，即使配备增氧机，水体中的溶解氧、pH等没有网箱内条件好；因此，水泥池暂养梭鲈密度要比网箱暂养低，以6～8千克/米^{3}为宜。

4. 暂养的管理工作

（1）暂养池水要清　梭鲈特别喜欢生活于清洁、透明度较高且有微流水的环境；因此，要严格控制水质，保证梭鲈不缺氧。每周吸去池底污物与残饲1次，注换新水1～2次。

（2）饲料投喂　投喂适口、充裕的饵料鱼，如发现饲料不足或不适口，应补充适口的饵料鱼。

(3) **勤检查** 暂养池内梭鲈除进捕食时游动外，其他时间活动并不强烈，喜欢安静。在黎明前以及酷暑季节，当发现池中暂养的鱼出现不安，活动频繁等不适现象时，应立即开动增氧机。

三、运输

梭鲈营养价值高，价格极其昂贵。由于其背鳍硬而尖锐，给运输带来了一定的困难。特别是梭鲈的运输工作的好坏是成活率高低的关键。在整个运输过程中，各项工作必须环环扣紧，小心谨慎，以免造成损失。

1. 影响梭鲈运输成活率的因素

(1) **溶解氧** 运输途中水的溶解氧是影响梭鲈运输密度和成活率的主要因素。在运输过程中梭鲈不断消耗水中的溶解氧，当水中溶解氧降低到一定程度，亲鱼就会出现严重浮头，甚至造成死亡。所以千方百计提高水中的溶解氧是梭鲈运输过程中的重要问题。目前已经有专门的活鱼运输车，可在运输途中连续充氧。

(2) **水温** 水温对梭鲈运输密度和成活率的影响，主要是表现在随着水温的升高、亲鱼的新陈代谢强度加快，造成运输的水质恶化而引起亲鱼死亡。所以梭鲈的运输水温不能超过15℃，否则就要采取适当的降温措施来提高亲鱼的成活率。但也不能使水温低于5℃，以防止因水温过低而冻伤。

(3) **鱼的体质** 梭鲈的体质肥壮，对不良环境的抵抗能力强，运输成活率高，所以待运前一定要加强饲养管理，才能保证运输的成活率。

(4) **水质** 运输用水要求清新，不受污染，溶解氧充足，有机物少，途中换水更要注意水质。此外，运输的距离和速度也是影响成活率的因素。

2. 运输前的准备工作

摸清运输路线，作好运输的衔接工作，组织好运输人员。在梭鲈运输前必须摸清运输的里程、沿线的水源、水质等情况，做到心中有数，以便确定加水、换水的地点。尽量缩短运输时间，以提高梭鲈的成活率。配齐运输工具，严格责任管理。运输前必须有专人负责各项工具的准备，并进行运输前的严格检查，如有破损和缺少，应立即进行修补和添置。还要考虑到必要的后备工具，以便发生损坏时补上（如氧气袋等）。

3. 运输方法

（1）帆布捆箱运输 即将一块大帆布放置在汽车箱内，周围扎紧后加水。一般每 20 千克水可装运 7～10 千克梭鲈。

（2）橡皮袋充氧运输 由于梭鲈背鳍较硬且尖锐，极易将尼龙袋刺穿，故改用橡皮袋而不用尼龙袋。在进行充氧运输时，每袋装 3～5 尾，袋的容积要为鱼和水的体积的 2 倍。运输超过 1 天时，中途要加氧 1 次。

4. 运输的管理

梭鲈亲鱼运输的水温以 5～15℃为宜，如水温过高时，应把运输时间安排在清晨或晚间。梭鲈以秋、冬季节运输为好，但冬季过冷时也不宜运输，以防冻伤。起运后要经常观察鱼的活动情况，如发现有浮头现象，要进行水体搅动，或换新水。加水时要注意温差，不能大于 4℃，温差过大时水要徐徐加入，逐渐调节水温。加入的新水一定要清洁、溶氧量高。运输路途较远且用橡皮袋充氧运输的则途中运行不能停顿，要做到“快装、快运、快下塘”。梭鲈运到目的地后，应用食盐对鱼体进行严格消毒，然后放入水质清新、溶氧量高的水体中待售。

四、均衡上市

梭鲈一般在每年的 10 月到翌年 2 月是集中收获上市的时间。操作应根据具体情况而定，在 10 月 1 日之前达到 0.5 千克左右的全部起网销售，大约占产量的 1/3，以后的在 12 月中旬之前陆续起网销售。为防止上市过于集中，最好是在不同时间，放养不同规格的鱼种，产品分散上市；而且，错开季节在春、夏季节上市的商品鱼可获得更高的利润和效益。

第二节 市场营销

一、信息的收集和利用

当在这个以信息为主要特征的“信息时代”的市场竞争中，任何组织或个人如果能够充分掌握着完整、全面、及时的信息，则组织或个人将会在竞争中立于不败之地。生产要发展，关键是生产的水产品如何适应市场的变化，市场是千变万化的，一些品种的高峰期（即市场畅销、效益高的时间）也仅有几年的时间，有些时间较短，有些会长一些，有时也不一定是有序的，而且不断变化。从事梭鲈养殖的公司、农户、水产业者应创造条件，尽快学会利用互联网，在网上发布或获取最新的产、供、销信息，并对收集的信息进行分析、研究和反馈。对自己养殖的梭鲈的销售市场行情做到心中有数，尽量减少盲目性，按市场的需求生产、及时销售，以获取较高的经济效益。

各级政府或者行业协会可通过构建信息平台（包括互联网等），为广大梭鲈养殖公司、养殖户提供有关梭鲈的产、供、销等各方面的信息，为生产、经营决策提供参考。

二、鲜活产品的市场营销

1. 建立各种营销渠道模式

梭鲈属于高档水产品，既可以用总经销、设专柜等方式销售鲜活的梭鲈，也可以通过批发市场、超市、社区连锁店，或者利用各种展销会、订单＋基地营销等途径来销售。在实际操作中，各地可因地制宜，采用不同的营销渠道。

2. 实行授权代理商机制

选择好合作的批发商，先从可靠的批发商处开始推行授权代理商机制，大力扶持优质批发商，培养其成为地区独家代理，每个地区只有一家经营，保证其利润更高，效益更好。

3. 创建地区直销渠道

若水产养殖企业资金雄厚，可以考虑开设梭鲈专卖店，建立直销网络，直销大酒店、餐厅、商务会所和高端消费人群。这样既可保证梭鲈产品的质量，形成完善的消费者信息反馈机制，又能维护梭鲈的品牌声誉。

4. 组建生产经营专业合作社，实施标准化生产

产品销售的好不好，关键是产品的品质。要提高梭鲈的品质，需要制定和实施育种、养殖、加工、包装等各个环节的工艺流程和操作标准，使生产、销售过程规范化、系统化，符合市场标准，满足消费者的需要。因此，要组建梭鲈生产经营专业合作社，将分散的养殖户联合起来，建立起行业标准，树立产品品牌的声誉。

三、开发加工产品以及市场拓展

梭鲈同其他淡水鱼一样，仍以鲜活上市销售为主，冷冻加工和其他传统的加工方法为辅的策略。因淡水鱼的收获期相对比较集中，导致供大于求，不仅鱼价低，如再遇到销售不畅、销售滞后，且淡水鱼的自溶酶作用强，鱼肉易腐败变质，将会给渔民造成巨大的损失，严重制约着淡水渔业的可持续发展。梭鲈的生产同样也会面临这样的问题，因此，应积极开展梭鲈的加工产品。不同的加工产品可以丰富梭鲈不同类别的产品以及食用方法，为消费者提供更多的选择机会。总之，水产品的销售就是要瞄准市场，适应市场需求。

将淡水鱼加工成冷冻制品是目前淡水鱼加工工业中广泛采用的方法之一。我国淡水鱼主要是以鲜销和冷冻为主，由于鲜销受到很大的制约性，冷冻制品必将更有利于淡水养殖业的可持续发展。冷冻制品是将新鲜水产品经预处理后，在低温条件下储藏，以达到阻碍、抑制微生物生长繁殖和酶的活性，从而延长制品保质期，并保持了水产品原有的生鲜状态和营养价值。目前水产品冷冻加工主要是将淡水鱼加工成鱼片、鱼段和鱼排等。

休闲食品是一种食用方便、味道鲜美、热值低和享受型的食品，是人们为了消除闲暇时的寂寞、丰富生活量和在休闲时能够获得更多舒适的一类时尚产品。将淡水鱼加工成休闲食品也是深加工的一个主要方向，同时也是对市场的开拓。

淡水鱼休闲食品主要是以鱼头、鱼骨、鱼皮和鱼肉等为原料。鱼头和鱼骨可以加工成天然的钙强化剂，如鱼骨糊、鱼骨酥、鱼罐头等。

鱼皮富含胶原蛋白，其蛋白质含量为67.1%，脂肪含量为0.5%，并含有丰富的钙磷等多种矿物质和维生素，可以通过简单的工艺加工成鱼皮休闲食品。

鱼肉富含蛋白质，是一种优良的蛋白质资源，在人体中的利用率高于一般的植物蛋白质、畜产蛋白质等，因此，将其制成休闲食品既能丰富消费者的生活还能提供优质的蛋白质。

四、综合养殖和综合经营的实行

梭鲈的养殖同其他水产品一样，加工营销是梭鲈养殖经营的关键环节，加工营销搞得好，就能拉动养殖生产。如何搞好加工营销呢？笔者认为以下做法可供参考：①注重质量安全。养殖过程中，不但要实行区域化布局、规模化生产，坚持高起点、高标准，走产业化发展路子，把梭鲈产量搞上去，而且还应严格按照无公害化生产的标准养殖，把产品质量搞上去。要不断推广健康养殖、生态养殖和无公害养殖的新技术，使自己的产品质量过硬，货真价实，真正达到绿色无公害。②注重加工增值。梭鲈肉味鲜美、营养丰富，肌间肉刺少，食用加工十分方便、快捷，可鲜销，可加工成鱼片，可进超市，可连锁经营，可加工成方便食品……这些对于生活节奏快的现代人有着强大的吸引力，所以一直有着极好的市场，所以梭鲈养殖经营者应依托国内出口加工龙头企业，实现订单式生产。③注重营销策略。要改变过去单季卖鱼的习惯，开展“随养随卖”，什么时候赚钱什么时候卖。如节假日或重大活动的时候可随时上市；还可以上门到相关单位或个人家庭联系销售。同时要掌握地域性价差的信息，实现异地销售；还可以网上销售、展会推销。④注重品牌经营。既要生产出品质好、适销对路的优质梭鲈产品，还要注重品牌树立。

五、产品经营实例

（一）广东省阳山县利阳水产科技有限公司经营实例

广东省阳山县利阳水产科技有限公司主要从事梭鲈的繁育与养殖，公司发展初期将工作重点放在梭鲈苗种生产上，主要依赖个体养殖户去生产销售（彩图46）。但在收获、销售的过程中，公司发现一到收获季节，各个养殖户经常出现竞相降价销售的现象，不仅严重影响了市场规律，而且使部分养殖户出现养殖亏本的现象。为此，该公司负责人清醒地认识到，仅有优良的苗种还不够，还必须“抱团生产、抱团销售”。每到梭鲈收获季节，召集主要梭鲈养殖户讨论决定销售价格，单个养殖户不得私自降价销售；同时，限定苗种的数量，控制养殖面积和养殖产量。这样，在销售季节，具体哪天、哪里出鱼，都由他们自己协调分配，批发市场没有话语权。

（二）广东省佛山市顺德区龙江镇左滩梭鲈繁殖基地

广东省佛山市顺德区龙江镇的左滩梭鲈繁殖基地从2009年开始从事梭鲈繁育，每年生产的种苗供应周边的养殖户，左滩梭鲈繁殖基地的老板主要是通过控制鱼苗的总量来控制鱼苗的价格。繁育的苗种除了销售以外还有部分自己养殖。对于每个购买自己苗种的养殖户都记录在案，定期电话跟踪养殖户的养殖情况，并免费提供技术服务。同时还为养殖户提供收购信息和服务，实行养殖户统一定价、统一销售的模式，在珠江三角洲附近形成了自己独特的模式（彩图47）。

第三节　与梭鲈相关的优秀企业

1. 广东省佛山市顺德区龙江镇左滩梭鲈繁殖基地

广东省佛山市顺德区龙江镇左滩梭鲈繁殖基地与中国水产科学

研究院珠江水产研究所积极开展合作，协力攻关，通过理论和技术的系统集成，亲鱼强化培育，并从北方引进父本，与当地母本进行交配，培育出的苗种养殖成活率高达80%以上，生长速度比原来的苗种提高了近50%。

2. 江苏省兴化市繁彬水产养殖有限公司

江苏省兴化市繁彬水产养殖有限公司位于江苏省里下河地区的中堡镇，创建于1994年，是专门从事淡水良种引进、繁育及水产养殖新技术试验和推广的民营科技型企业，拥有固定资产250多万元，是泰州市唯一的水产养殖新品种良种基地。现有标准鱼池33.33公顷，V期幼蟹培育池5 000米^2，6.67公顷蟹种培育池和孵化1亿尾鱼苗的孵化设备；每年生产优质蟹种100万只，每年供应南美白对虾淡化苗1亿尾、青虾苗5 000万尾，可进行梭鲈、鳜、黄颡鱼、丁鲹、斑点叉尾鮰、异育银鲫饵料鱼苗的规模化繁育。

3. 佛山市南海通威水产科技有限公司

佛山市南海通威水产科技有限公司是专业从事种苗原种及良种选育、科学研究、技术推广、生产应用以及资源保护，集水产种苗繁育、生产、销售为一体的企业。

目前，该公司主要从事原良种苗种生产经营，包括通威系统的罗非鱼、鲈、超雄黄颡鱼等鱼类苗种以及梭鲈苗、鸭嘴鲟苗、乌鳢苗、鲇鱼苗、鲤鱼苗和"四大家鱼"苗等名牌优质鱼苗，每年生产经营量可达40亿尾以上。

第三部分　海　　鲈

第十一章　海鲈养殖概述和市场前景

海鲈（*Loteolobrax japonicus*），又称七星鲈、板鲈、真鲈等，是我国传统的重要海水养殖经济鱼类。我国海鲈人工养殖已颇具规模，年产量达12.8万吨，占海水鱼类养殖产量的12%左右。其属广温、广盐、凶猛的肉食性鱼类。目前主要的养殖方式有低盐度河口地区池塘养殖、海水网箱养殖、海水池塘养殖及鱼塭混养。随着全人工繁殖技术、全价人工饲料配制技术的日臻成熟、完善，海鲈的养殖面积逐渐扩大。目前海鲈养殖区域主要分布在广东省珠海市及浙江、福建、山东等地沿海区域。海鲈通过人工驯化，可在养殖全程投喂人工配合饲料。在广东省珠海市河口区域，海鲈池塘高密度精细养殖技术获得突破，每667米^{2}产量高达4～6吨，有的池塘每667米^{2}产量甚至高达8吨，形成具有当地特色的养殖品种，珠海市斗门区白蕉镇是广东省海鲈生产的专业镇，"白蕉海鲈"已成为国家地理标志保护产品，是我国出口创汇鱼类产品之一。

海鲈是近岸浅海肉食性鱼类，喜栖息于河口淡水处，也可生活于淡水中，是我国河口地区重要的养殖品种之一。海鲈不仅味道鲜美，且营养丰富，风味极佳，市场价格处于中低水平，受到消费者青睐，是我国"四大名鱼"之一。海鲈的池塘养殖具有生长快、病害少、适应广、时间短、见效快等特点，适宜高密度养殖，海鲈的集约化养殖发展迅速。

第一节　海鲈养殖生产发展历程

我国的海鲈养殖始于20世纪70年代，开始只在少数地区的池塘、港湾养殖海鲈。进入 20 世纪 90 年代，我国南方海水养殖迅速发展，因海鲈同时适应海水、淡水养殖环境，养殖方式上网箱养殖或池塘养殖均可，近年来海鲈在我国的养殖规模有不断扩大的趋势，海鲈的网箱养殖和池塘养殖在全国沿海及河口区域广泛展开。

一、人工增养殖阶段

20 世纪 70 年代中期至 80 年代末期，海鲈苗种主要依靠天然捕捞或纳潮方式获得，以进行鱼塭混养为主，产量很低。海鲈价格昂贵，市场销售量小。

二、快速发展阶段

20 世纪 80 年代末期至 90 年代，依靠捕获的性成熟的亲鱼，海鲈苗种人工繁殖获得突破，基本解决了苗种供应问题，在人工条件下，海鲈可摄食冰鲜小杂鱼，最近几年，随着海鲈配合饲料的研制成功，海鲈的养殖面积不断扩大，海鲈产量大幅度提升。20 世纪 90 年代中、后期，海鲈全人工繁殖技术突破，苗种实现规模化生产，优质的商品苗种为海鲈养殖技术的推广奠定基础，该阶段为海鲈产业的快速发展阶段。

三、高效生态养殖阶段

进入 21 世纪以来，随着饲料加工设备的工艺改良、优化，结合海鲈营养需求研究，海鲈人工膨化饲料配制技术的日臻成熟，养殖全过程可投喂人工饲料，解决了海鲈养殖饲料依赖冰鲜鱼的问题。特别是广东省珠海市斗门区白蕉镇进行池塘养殖海鲈，通过应用人工配合饲料，集成高效增氧技术、水质调控技术及混养技术等，突破海鲈池塘高密度养殖关键技术，可达到“工业化生产”程度，生产的海鲈味道特别鲜美，被商贩和当地的渔民称为“白蕉海鲈”，极大地促进了当地海鲈产业的发展，现珠海市斗门区海鲈池塘养殖面积达1 333.33公顷，产量 8.5 万吨，产值近14亿元。

第二节 海鲈养殖现状和市场前景

一、我国海鲈养殖产业现状

近年来，随着海鲈市场销售的扩大，我国海鲈集约化养殖发展迅速，产量、养殖规模不断扩大，主要在广东、福建、浙江、山东、江苏等沿海地区养殖，主要的养殖模式各地不尽相同，广东以池塘高密度养殖为主，网箱养殖为辅；福建、浙江以网箱养殖为主，池塘混养为辅。山东、江苏这两种养殖模式都有。目前海鲈产量达到12.8万吨，占海水养殖鱼类总产量的12%，成为我国海水养殖重要品种。特别在广东省珠海市斗门区，海鲈池塘养殖面积达1 333.33公顷，近年来，池塘高密度精细养殖技术已非常成熟，普遍每667米^{2}产量达4～6吨，有的池塘每667米^{2}产量甚至高达8吨，成为国内最主要的海鲈产区，产量接近全国总产量的50%，珠海市白蕉镇因此荣获“中国海鲈之乡”称号，“白蕉海鲈”也成为珠海首个国家地理标志保护产品。

在斗门地区，咸淡水资源丰富，生态环境好，特别适合海鲈养殖生产，该地区的海鲈养殖生长速度快，养殖10个月可达到0.5千克的上市规格，具有单产量高、效益明显的特点。如2010年和2012年，海鲈“标鱼”（0.4～0.7千克）售价为19元/千克，毛利润达3～4元/千克，平均每667米^2（按养殖水体面积计算）毛利润2万多元，成为当地渔民致富的主要途径，大多数人靠养殖海鲈建起了“小洋楼”，开上了豪车，过上了小康生活。

但由于受销售市场的影响，海鲈市场价格波动较大，如2011年和2013年海鲈“标鱼”（0.4～0.7千克）仅售14元/千克左右，出现“养得越好、亏得越多”的不良现象，严重打击了渔民进行海鲈养殖的积极性。开拓、培育、引导优质海鲈产品以及促进销售是当前海鲈产业发展急需解决的重要问题之一。与此同时，海鲈高密度集约化养殖生产也极大带动了种苗生产、产品加工流通等各行业的发展，产生了巨大的社会效益、经济效益。

目前，广东省珠海市的海鲈生产、加工、销售产业基础已初步形成。海鲈销售以冰鲜鱼为主，鲜活鱼为辅的形式销售到山东、江苏、浙江等省份的大、中城市。冰鲜鱼方式的销售量占到海鲈产量的80%以上，以鲜活鱼方式的销售量仅占海鲈产量的3%左右。此外，海鲈还可加工成海鲈片，以冰鲜鱼片的形式出品到韩国、美国以及欧盟等地。另外，也可采用低温干燥烘干工艺或者传统生晒方式加工成海鲈干出售。

浙江、福建等地的海水网箱养殖的海鲈，规格大（2.0千克/尾以上）、品质好，一部分在当地销售，一部分以活鱼的方式销售到韩国、日本等国家和地区。

二、存在的主要问题

海鲈池塘养殖产量占总产量的85%左右，是海鲈产品供给的主要方式，海鲈高密度养殖技术已突破，可到达工业化生产的目标。但海鲈养殖业主要存在以下问题：放养结构单一、饲料研发跟不上产业的发展、水质恶化严重、鲜活产品运输环节薄弱等，这些因素限制着海鲈产业的可持续发展。开展海鲈高效健康养殖技术的提升与养殖模式升级，可为海鲈产业的可持续发展提供技术支撑。

1. 养殖结构

海鲈精养池塘集约化养殖往往采取高密度放养，投喂大量高蛋白质饲料（蛋白质含量在40%以上），主要以高耗能增氧、微生物降解、河涌-池塘水体大量交换及消毒剂使用等养殖操作模式多次重复进行，获得高产。这种养殖模式易导致海鲈产品质量安全存在隐患，不利于海鲈产业良性发展。海鲈池塘养殖的污染主要来于残饲、排泄物中所含的营养物质即氮磷等有机质，大量的养殖废水的排放还对周边水域环境造成严重的影响。应优化养殖结构，研究确定海鲈合理的养殖容量，搭配混养适宜品种，利用生物（鱼）控制摄食或降解有机物，减少沉积物，达到环境友好型养殖的目的。

2. 饲料研发

当前，海鲈人工配合饲料的营养搭配、生产工艺及市场供应等已形成规模。珠海市每年需饲料 17 万～19 万吨。饲料是养殖的主要投入品，占养殖成本的 75%。投喂优质、营养均衡的配合饲料可促进养殖鱼类健康生长，降低饲料系数，从而减少养殖废物的排放。海鲈饲料营养物质利用率为 25%～30%，剩余的 70%～75%以废物的形式进入养殖环境中，以每 667 米^2 产量5 000千克、饲料蛋白质含量40%、饲料系数 1.3 计算，养殖 1 个周期，每667 米^{2}池塘的海鲈产生1 820～1 950千克蛋白质，养殖系统负载量大。营养饲料配制应与免疫、饲料原料代谢及水温等多参数因子结合，研究营养均衡全价饲料，减少非利用蛋白质饲料原料的使用，制定海鲈饲料蛋白质的最高限量，从而大幅度减轻养殖生态系统的负载量，利于养殖环境的改良与调控，形成经济效益、生态效益双赢局面。此外，海鲈人工配合饲料蛋白质含量一般为 40%～42%，每年需要进口大量鱼粉，寻求鱼粉蛋白质替代物质的研究也是当前海鲈饲料配制的主要内容与方向。

3. 水质调控

海鲈属于肉食性河口鱼类，对水质的要求较高。在广东省珠海市，海鲈高密度精细养殖技术的应用，取得良好的产量。笔者对珠海市 10 口高产海鲈的池塘养殖环境因子进行调查，发现已投入海鲈高产池塘（每 667 米^2 产量6 000～7 500千克）的底泥沉积物年累积量 3～6 厘米，底泥沉积物无发黑、恶臭的现象，氮含量为6%～9%。推测海鲈高产池塘可能存在较强的微生物脱氮系统，需进一步研究。

4. 良种选育

优良的品种对于养殖产业的提高起着十分重要的作用。最近十多年来，我国重视、加大了对水产良种的培育力度，先后培育出一批新品种，取得了十分显著的经济效益和社会效益。但与畜牧业和发达国家水产养殖业相比，我国水产良种的覆盖率还很低，不能满足社会发展的需要，很有必要加快水产养殖良种的培育工作。在实际生产中，黄海、渤海的海鲈苗种较南海的生长要快。近年来，野生海鲈亲本资源短缺，主要以网箱养殖的海鲈进行人工繁殖，生产单位不注重亲本留种所须遵守的操作规范，也没能定期从原产地补充和引进亲本，甚至有的苗种生产单位为了生产上的方便，选择个体小，性成熟早的个体作为亲本，导致海鲈种质的质量急剧下降，主要表现在生长速度下降、饲料转化效率低、对不利环境和疾病的抵抗力下降、品质下降等方面，严重制约了我国海鲈养殖产业稳定、健康和可持续发展。对其进行良种选育势在必行。

5. 病害防治

随着养殖规模不断扩大，养殖密度逐步提高，必然诱发病害增多，病害防治难度加大，杀虫剂、消毒剂定期使用，水产品质量存在安全风险问题。在实际生产中，以营养免疫饲料配制、水质调控、增氧措施、投喂策略及适宜混养等技术集成基础上，开展海鲈无残留新渔药、免疫制剂的开发，减少消毒（杀虫）剂，并注重休药期，可实现无公害养殖。

6. 鲜活产品运输

随着人们膳食结构的改变，鲜活鱼消费量大幅度提高，海鲈鲜活产品运输技术有待于提高研究开发，要提升鲜活海鲈产品的远距离运输的能力，扩大销售市场，以促进海鲈产品的销售。

三、产业发展方向

1. 加强健康养殖技术研究与推广，提高产业科技含量

加强海鲈高密度池塘无公害养殖技术的研究，加快推进渔业科技创新，加大养殖技术培训力度，推广海鲈健康养殖模式，开展海鲈养殖病害防治技术、循环水生态养殖技术、品质改良养殖技术、节能型增氧技术等的推广应用，结合活鱼运输技术，形成一套海鲈养殖技术模式体系，提高产业科技含量和经济效益。

2. 健全质量安全体系，推进海鲈产业标准

建立健全水产品质量安全检验检测机构，加大质量安全监管力度，实施产品标识制度和市场配备对接准入制度，逐步在海鲈无公害生产基地及规模化养殖场，配备产品自检设备，建立健康养殖示范场，开展海鲈环保型饲料新配方、无残留新渔药的开发和生产，确保海鲈产品质量安全。

3. 建立苗种繁育体系，解决苗种退化问题

良种选育与推广是提高水产养殖产量、质量和经济价值的重要措施，也是发展水产养殖生产的一项基本建设。建立国家级海鲈良种场，以黄海、渤海的海鲈原种为对象，重点突破海鲈繁育与选育核心制约环节，培育优良经济性状，如生长、饲料利用等特性明显的良种，形成具有规模效益的本地良种繁育体系，解决苗种因多代繁育种质退化、成活率低、抗病力弱等问题。

4. 培育海鲈专业组织，创新经营体制机制

培育海鲈专业合作社，创新产业经营融资方式，实现生产要素的优化配置和集中集聚。通过合作社品牌效应探索产品定位、定价方式，按照市场化、产业化的要求，建立产前（生产布局，种苗饲料采购，联保融资）、产中（技术应用，质量安全自律）、产后（有序上市，加工流通，品牌定价）的利益共享、风险共担机制，推动海鲈产业规模化发展、产业化运作、品牌化经营。

第十二章　海鲈生物学特性

海鲈个体大、肉味美、生长快，在国内外市场很受欢迎。目前海鲈的全人工繁殖技术已获得突破，可规模化生产，能大量提供商品苗种。

第一节　海鲈的形态与分布

海鲈生活在浅海河口，幼苗在盐度 22 以上的海水孵化，再溯河而上到咸淡水交汇的河口生活。海鲈是广盐性、广温性种类，海水和淡水都可养殖，是我国南方和北方皆可养殖的重要河口经济鱼类之一。海鲈属分批非同步型产卵鱼类，在短时间内产 2 次卵。

一、海鲈的形态结构

海鲈体长而侧扁，个体大。眼间隔微凹，其间有 4 条隆起线。头中等大，略尖。吻尖，口大，端位，斜裂，上颌伸达眼后缘下方。两颌、犁骨及口盖骨均具细小牙齿。前鳃盖骨的后缘有细锯齿，其后角下缘有 3 个大刺，后鳃盖骨后端具 1 个刺。侧线完全与体背缘平行，皮层粗糙，鳞片细小不易脱落、体背侧为青灰色。腹侧为灰白色，体侧及背鳍棘部散布着黑色斑点。随年龄增长，斑点逐渐不明显。背鳍 2 个且稍微分离。第一背鳍发达并有 12 根硬棘。第二背鳍由 13 根鳍条组成；腹鳍位于胸鳍始点稍后方（彩图 48）。

二、海鲈的自然分布

海鲈喜欢栖息于河口咸淡水处，也能生活于淡水中。主要在水的中、下层游弋，有时也潜入底层觅食。鱼苗以浮游动物为食，幼鱼以虾类为主食，成鱼则以鱼类为主食。性成熟的亲鱼一般是3冬龄、体长达600毫米左右的个体。生殖季节在秋末，产卵场在河口咸淡水交汇区。自然界主要分布于我国、朝鲜及日本。

第二节　海鲈生物学特征

一、年龄与生长

海鲈生长速度较快，繁殖期一般在11月至翌年1月，鱼苗长至年底体长25厘米、重0.25千克，6龄鱼体长达0.8米，最大的个体长达1米、重25千克。人工养殖的海鲈长速更快，通常养殖8～10个月可达0.5千克以上。

二、食性

海鲈属凶猛的肉食性鱼类，食量大，一次摄食量可达体重的5%～12%，捕食强度在春、夏季节最强烈；鱼苗以桡足类和糠虾为食，长至10厘米后则捕食小鱼虾。在自然海区，体长15厘米以上的海鲈，胃含物主要有：虾蛄、对虾、鹰爪虾、脊腹褐虾、日本毛虾、日本鼓虾以及鳀、鱿鱼、白姑鱼、青鳞鱼和鰕虎鱼等。海鲈也摄食乌贼和沙蚕等底栖动物。但无论是食物数量还是出现频率，均以虾蛄和脊腹褐虾为主。海鲈的摄食对象在不同海域或不同时间，优势种并不相同，这说明海鲈对食物有一定的选择性但不很严格，这为海鲈人工配合饲料的配制、开发奠定基础。现阶段，在海鲈稚鱼、幼鱼前期使用鲜活饵料、冰鲜鱼浆，通过人工驯化，在人工养殖过程中幼鱼后期至养成期以投喂海鲈专用膨化配合饲料为主。

三、生活习性

1. 生长

在珠海市的池塘，海鲈养殖10个月，体重可达0.5千克，而潮州市饶平县海水（盐度在15以上）网箱养殖的海鲈体重在0.4千克；在黄海、渤海区，当年养殖的海鲈体重在0.2千克左右。海鲈的生长与温度密切相关，低于3℃时基本不生长，25～27℃时为快速生长期。

2. 盐度

海鲈属于广盐性鱼类，能在0～34的盐度范围内生长，适宜生长的盐度范围在20以内。

3. 水温

海鲈的耐温范围为0～38℃，最适宜生长的水温为22～29℃，当水温低于15℃或者高于29℃时，海鲈摄食强度减弱，7℃以下几乎停止摄食。

4. 溶氧量

海鲈的耐低氧能力一般，在高密度养殖条件下，溶氧量以保持在4.5毫克/升以上为宜。

5. pH

水质的稳定有利于海鲈的生长，pH在7.8～8.5为宜。

四、繁殖

1. 性成熟年龄

雌鱼性成熟最早是3龄，一般为4龄；雄鱼性成熟最早是2龄，一般为3龄。

2. 产卵类型

海鲈的产卵类型属于分批非同步型，在短期内产2次卵。

3. 产卵期

海鲈的性腺在10月以前是松弛萎缩的，性腺小。从10月下旬之后性腺开始发育，直至膨大成熟。海鲈在11月中旬即可开始产卵，产过1次卵后，约经半个月的发育，又可第二次产卵，产卵期可延续到翌年1月，而盛产期应在11月中旬至12月中旬。

4. 雌雄辨别

雌亲鱼性腺发育至Ⅳ期中后期，腹部膨大明显，触摸腹部感觉柔软；挤压雄性亲鱼的鱼腹，精液已能流出。

5. 繁殖力

绝对怀卵量变动在312 928～2 211 000粒，平均为1 282 327粒；相对怀卵量在185.27～847.71粒/克。从总的趋势看，随着体长和体重的增加，怀卵量有增加的趋势。

第三节　海鲈的营养价值

1. 海鲈的营养成分

“江上往来人，但爱鲈鱼美”，自古至今，海鲈就以其鲜嫩的肉质、香溢的味道成为众人的最爱。海鲈营养价值极高，富含易消化的蛋白质、脂肪、维生素A、维生素B_2、维生素B_3、糖类、无机盐等营养成分。

(1) 铜　海鲈血液中还有较多的铜元素，铜能维持人体神经系统正常的功能并参与数种物质代谢的关键酶的功能发挥，铜元素缺乏的人可食用海鲈来补充。

(2) 蛋白质　海鲈肉所含的蛋白质（包括各种营养成分）容易消化，适合慢性肠炎、慢性肾炎、习惯性流产者食用。

(3) 不饱和脂肪酸　海鲈含有大量的不饱和脂肪酸，对高血压、冠心病、动脉硬化和记忆力减退、健忘等症有良好的预防和治疗作用。

(4) 胶原蛋白　胶原蛋白有美容养颜的作用，能够使滋润皮肤，延缓衰老。海鲈肌肉含有较高的胶原蛋白。

(5) 维生素和矿物质　海鲈富含维生素和矿物质，能够补充人体所需的营养元素，提高身体免疫力。

2. 海鲈的热量

每100克海鲈仅含439.5千焦的热量，脂肪含量又较低，富含优质蛋白质及钙等矿物质，营养丰富，适宜减肥期间食用。

3. 海鲈的药用

海鲈味甘、性平，入肝、脾、肾三经；具有健脾、补气、益肾、安胎、补五脏、益筋骨、和肠胃、化痰止咳之功效。常用于治疗风湿痹症、水肿、气血两亏、阳痿、遗精、胃炎、食欲不振、年老体弱、心脑血管疾病等。

（1）**益肾安胎** 海鲈能够益肾安胎、健脾补气，可治胎动不安、生产少乳等症。孕妇吃海鲈既容易消化，又能防治水肿、贫血头晕等症状。准妈妈和产妇吃海鲈是一种既补身、又不会造成营养过剩而导致肥胖的营养食物，是健身补血、健脾益气和益体安康的佳品。

（2）**维持神经系统的正常** 铜能保护心脏，维持神经系统的正常功能，并参与数种物质代谢的关键酶的功能发挥。

（3）**补肝益脾** 海鲈具有补肝肾、益脾胃、化痰止咳之效，对肝肾不足的人有很好的补益作用。

（4）**治百日咳** 民间验方有用海鲈与葱、生姜煎汤，治小儿消化不良；将鳃研末或煮汤，可用于治疗小儿百日咳，也可治疗妇女妊娠水肿、胎动不安。

（5）**抗衰老** 老年人常食用海鲈，对抗衰老、延年益寿有一定的益处。

（6）**益于术后伤口恢复** 若手术后食用海鲈能促进伤口生肌愈合。

4. 海鲈的饮食文化

在珠江三角洲一带都有吃海鲈的风俗习惯，一直有“无鲈不成宴”的说法。以前海鲈价钱很贵，普通老百姓一般都吃不起，只有在生了小孩或动了手术的情况下，才舍得花钱去补一补。随着养殖面积的增加和产量的提高，海鲈已不再是少数人才能享用的奢侈品，如今已经走上了寻常百姓的餐桌，在喜庆婚宴、亲朋好友相聚等场合更是离不开海鲈。尤其是到了秋、冬季节，当地人都把进食海鲈作为进补的极品。如能常食，男人能滋阴壮阳，活力强劲，女人能养颜护肤，还有乌发之功效。海鲈肉厚刺少，质地鲜嫩、透明，入口嫩滑清甜，吃法多样，可以用来做刺身、涮火锅，鱼骨可用来煲汤等，同时海鲈也是做寿司的极品。在珠海市斗门区白蕉镇还有一个传统的烹制方法，即在清蒸之前，先用盐度为 40 的咸水加冰水腌制 10 分钟，蒸出来的海鲈鲜美程度将不亚于任何海鲜，“白蕉海鲈”也成为当地群众最爱吃、最深入民心的一道菜。

第十三章　海鲈高效生态养殖技术

第一节　海鲈繁殖技术

一、亲鱼选择

亲鱼的来源：一是捕获自然界的野生亲鱼；二是选择海区人工养殖的成鱼作为亲鱼。目前，自然界野生亲鱼的来源非常少，因此，人工养殖的成鱼是进行人工育苗生产使用亲鱼的主要来源。选择亲鱼的标准：一般要求3龄以上，体质健壮，体型、色泽优良，具有典型的生物学特性，生长速度较快。

二、亲鱼培育

海鲈亲鱼培育的成功与否是决定人工苗种生产成败的首要工作，与亲鱼的产卵率、受精率、孵化率及苗种质量有着密切的关系。海鲈亲鱼的营养和饲料研究较少，应加强开展亲鱼营养状况和生殖的关系及仔、稚鱼生长与存活等方面研究，为海鲈的苗种生产提供基础。

海鲈属秋、冬季节产卵的鱼类，根据其性腺发育节律，一般采取“冬保、春肥、夏育、秋繁”4个亲鱼培育环节。亲鱼在繁殖前特别要进行强化培育，可在网箱（标准网格即可）或室内水泥池（面积50米^{2}以上）进行。海鲈属短日照型的产卵鱼类，随着日照的缩短，性腺逐渐发育。通过人工控制光照（同时配合水温调控）可改变其产卵时间，海鲈繁殖时盐度一般控制在22～33。海鲈亲鱼培育主要以网箱为主，水泥池培育为辅。

1. 水泥池培育

该培育方式一般用于捕捞获得的野生亲鱼培育。野生亲鱼由于生境原因，以摄食鲜活饵料为主，进入培育池后往往有较长时间拒食，需要有一个驯化过程，投喂一些活饵，如虾、乌贼、杂鱼等，诱其摄食。待其适应驯化养殖环境后，逐步使用冰鲜饵料鱼，最后完全替代。每天保持一定的换水量（5～6倍），尤其是夏季一定要增加换水量，及时吸出残饲和粪便。注意保持亲鱼培育池安静，减少惊扰。培育至繁殖季节，水温要逐步调至接近自然状态下的产卵水温（16～20℃），利于亲鱼产卵。

2. 网箱培育

目前，网箱培育是海鲈亲鱼培育的主要方式。在繁殖季节前2～3个月，选择性成熟的亲鱼，集中进行强化培育。培育前期、中期，投喂新鲜小杂鱼，投喂量为体重的3%～5%，每天投喂2次。并在饲料中定期添加维生素C 0.5克/千克及维生素E 0.1克/千克，促进亲鱼性腺发育。为保障亲鱼营养均衡，避免投喂单一饲料。培育后期，即繁殖季节前15天，为避免亲鱼脂肪等营养物质累积过多（即俗称“过肥”），影响亲鱼产卵，应适当减少投喂量和投喂次数，可每隔3天投喂亲鱼体重1%～2%的饲料，以利于亲鱼的产卵。

三、人工催产

1. 亲本选择

在海鲈繁殖季节，选择的雌鱼应腹部较膨大，柔软、有弹性、生殖孔红肿，如果将鱼提取（头朝上），稍压腹部即有黄色的卵粒流出，雄鱼提起即有白色精液流出，则已完全成熟，即可马上进行人工授精。另外，可用挖卵器，缓慢插入生殖孔内，向一侧挖取少量卵，若卵粒分散、饱满，已呈橘黄色而有光泽，卵径在0.7毫米以上，雄鱼轻压腹部有精液流出者即可催产。

2. 催产剂催产

目前常用的鱼用催产剂有鱼类的脑垂体（GTH）、绒毛膜促性腺激素（CG）、促黄体素释放激素类似物（LRH-A）、地欧酮（DOM）等。对性腺发育差的个体，提前用极低剂量的LRH-A催熟作用明显。所使用催产药物种类和剂量视亲鱼成熟情况及鱼体大小各不相同，以下注射剂量可供参考：LRH-A 5 毫克/千克＋DOM 6 100毫克/千克，雄鱼减半。一般可分两次注射，第一次注射总剂量的1/7～1/5。隔 24 小时或 36 小时将剩余量全部注入。雄鱼只注射一次，一般与雌鱼第二次注射同时进行。先将激素用生理盐水或蒸馏水溶解，稀释到 3～5 毫升，采取腹腔注射或肌内注射。腹腔注射是在亲鱼胸鳍基部穿入腹腔，针头刺入不可太深，以免伤及鱼的内脏。肌内注射部位应选择在背鳍与侧线间，将针头以 45°角向头部方向，挑起鳞片刺入肌肉。注射后用手指轻压注射处片刻防止注射液流出。在水温为 14.5～16.0℃条件下，效应时间为 36～97 小时。

四、自然产卵及受精卵运输

1. 自然产卵

为提高受精卵质量，通过环境因子改良，刺激亲鱼发情，达到自然产卵。在繁殖季节，选择性腺发育成熟的亲鱼放入产卵池中，按亲鱼雌雄比例 1∶1 放养，放养密度为 2.5 千克/米^3，每天早上、傍晚冲水 2～3 小时，以促进亲鱼发情产卵，反复操作，直至产卵，并于每天早上观察有无产卵；如在网箱中自然产卵，网衣的网目为 80～100，有条件的可冲水。

2. 受精卵的运输

待受精卵发育到原肠期后，用 80 目筛绢制作的小抄网，将受精卵从产卵池中捞出，去除死卵，用塑料袋打包充氧运输，每袋运输量 3 万～5 万粒。由于海鲈受精卵卵径较大，捞卵操作和运输过程容易导致卵膜损伤，从而影响受精卵的成活率，因此，捞卵操作和运输宜在原肠期进行。

五、鱼苗孵化

亲鱼催熟后自然产卵，随后进行受精卵的孵化。孵化前先将受精卵置于塑料容器中沉淀、分离死卵和杂质，经 0.5 毫克/升的聚维酮碘消毒处理后，可放于水泥池、孵化桶或孵化袋中进行微充气孵化。

1. 孵化设备及条件

可采用水泥池、孵化桶或孵化袋等进行孵化。规模化生产一般采用水泥池孵化，每平方米左右布1个气石，孵化用水均为砂滤海水（盐度为23以上），采用微充气、静水孵化方式，前期微波状，后期沸腾状。孵化密度为1万～2万粒/米^3，水温保持在17～19℃，盐度为28～30，pH 8.0～8.2，溶氧量5毫克/升以上，光照保持在500勒克斯左右为好。

2. 孵化时间

海鲈胚胎发育的最适温度为13～22℃，长时间的低温和高温都会影响孵化率，而且造成畸形率较高。在孵化水温为17～19℃，盐度为30时，孵化时间为58～67小时。

第二节　海鲈培育技术

海鲈属于河口性鱼类，其受精卵孵化和稚鱼、幼鱼前期的培育在海水中进行。海鲈苗种的培育方式有水泥池育苗及土池育苗。北方以水泥池育苗为主，南方以土池育苗为主。土池育苗具有技术要求不高、设施设备简单、易获得大量饵料生物及成本低、见效快等特点。目前，海鲈苗种土池培育是主要方式。

一、水泥池培育

1. 育苗条件

采用水泥池培育方式，需配备设施育苗池（20～25米^3）、轮虫培育池（20～25米^3）、小球藻培养池（3～5米^3）、卤虫孵化桶（1米^3）及供氧系统、加温保温系统，一般育苗场育苗池、轮虫培育池、小球藻培养池、卤虫孵化桶水体比例为20：10：5：0.5。育苗全过程水温在15～20℃为好，要求日温差不超过1℃，盐度为28～30，光照度为500～5 000勒克斯，pH为7.5～8.5，溶氧量为5毫克/升以上，NH_4^+-N含量控制在0.3毫克/升以下。

2. 育苗工作准备

水泥池培育池在鱼卵孵化前10天排干池水，并用高压喷枪清洗后曝晒5天，然后采用浓度为10毫克/升的强氯精泼洒全池消毒，隔天用海水冲洗干净。放入经砂滤的海水，按1个/米^{2}的密度布放气石增氧，并接入小球藻，小球藻密度以5万～10万个/毫升为宜。

3. 育苗密度

将孵化的仔鱼分疏，放入育苗池中，每立方水体放养仔鱼8 000～10 000尾。

4. 投喂管理

水泥池育苗水温一般控制在17～20℃。在18℃时，幼体孵出后第四天开口，需投喂经高浓度小球藻强化的轮虫，投喂密度为2～5个/毫升，同时在育苗池中添加适量的小球藻，使水体中小球藻浓度保持在20万～50万个/毫升；随着幼体个体发育，摄食量增加，轮虫的投喂密度随之增加到10～20个/毫升，幼体发育到15日龄后，进行轮虫和丰年虫混合投喂，其投喂密度为轮虫20个/毫升+丰年虫0.1～2.0个/毫升，20日龄后开始投喂少量桡足类0.1～1.0个/毫升，30日龄后投喂淡水枝角类0.2～0.5个/毫升，约35日龄后，开始诱导幼鱼摄食商品性饵料，其饵料系列见图3-13-1。

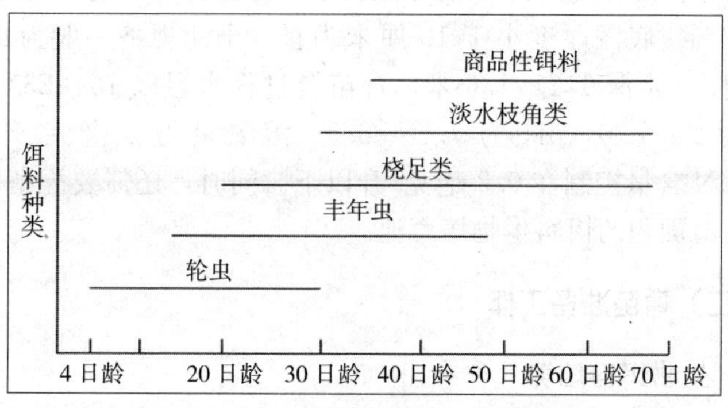

图3-13-1 海鲈育苗饵料系列与日龄关系

（引自翁忠钗）

5. 水质管理

水泥池育苗全过程均需采用经二道砂滤处理的海水，前期多采用静水培育，换水量为20%～50%，并不间断地用充气泵增氧，每天在07：00、16：00进行池底吸污，下午投喂后1小时再排污一次，以保证水质清新，投饲时观察鱼苗的活动和摄食状况，适时调整投饲量及饵料生物大小以满足鱼苗生长需要。进入育苗中期，采用流水方式培育，换水量为2～3倍，同时定期检测水质，做好投饲记录，育苗后期日换水量视育苗密度而定，加大流水方式培育，换水量为4～6倍，每天进行池底吸污2～3次，保证育苗池底部干净。并对海鲈鱼苗各生长阶段进行抽样检测，当苗种个体大小产生差异时，应及时分级分池饲养。

二、土池培育

以传统的“四大家鱼”苗种培育技术为基础，依靠池塘的生态条件及水质调控，建立海鲈苗种的饵料结构，到达规模化生产海鲈苗种的目的。因其投资小、风险小、见效快等特点。目前，在福建、广东地区海鲈苗种培育多采用土池育苗方式进行。

（一）育苗条件

采用室外土池培育，土池底泥以壤土为好，有机质含量在4%～8%，底泥厚度小于10厘米为宜。土池规格一般为1 334～4 002米^2，水深1.2～1.6米，育苗全过程水温以16～23℃为宜，盐度为25～30，pH为7.5～8.5，溶氧量为5毫克/升以上，NH_4^+-N含量控制在0.3毫克/升以下。同时，还需要配备1/3以上育苗池面积的饵料生物培育池。

（二）育苗准备工作

1. 生物饵料培养

（1）饵料池土池清塘 饵料池提前排干池水，曝晒土池底泥至“龟裂状”。每667米^{2}用50千克生石灰均匀泼洒进行消毒。1～2

天后，经80目筛绢网过滤抽入新鲜海水40厘米。全池按每667米^{2}泼洒茶籽饼20千克，进行肥水以及杀死池塘中的小鱼。如发现池塘有小虾，可用敌百虫0.3毫克/升、溴氰菊酯0.15毫克/升进行杀灭。3天后，待水中浮游植物大量繁殖，呈绿色、黄绿色等良好水色，加水20厘米，以促进饵料生物的生长。

(2) 饵料池饵料生物培养 饵料生物的培养，直接关系育苗成功与否，为保证足量的饵料以及降低育苗成本，需配套一定面积的饵料生物池。饵料生物的培养应在放苗前10天开始准备，培育饵料生物。苗种培育过程中，海鲈从仔鱼到稚鱼及进一步生长，需要投喂不同大小的适口饵料生物，因此需要定向培育轮虫、枝角类、桡足类等浮游动物，以提供足量的饵料，保证海鲈苗种的成活率。

①轮虫等小型浮游动物的定向培养：饵料池清整消毒后进经80目滤网过滤的海水60厘米，盐度15以上，然后每667米^{2}一次性施用经发酵的有机肥20千克，在轮虫繁殖起来后保持每天每667米^{2}泼洒经酵母菌和乳酸菌发酵的鳗鲡饲料2千克(湿重)，并保持水体微增氧。

②枝角类、桡足类等浮游动物定向培养：饵料池清整消毒后进经80目滤网过滤的海水，为了加快枝角类等培育速度，每公顷接种投入活的枝角类、桡足类约150千克，并泼洒已发酵的有效微生物群（EM）+鱼浆混合液，培育枝角类、桡足类。首次使用为每667米^{2}15千克，当枝角类、桡足类繁殖起来隔天使用，每667米^{2}用量为10千克，并保持水体较强增氧。

2. 土池育苗

(1) 育苗土池准备 待饵料池中的饵料生物开始繁殖时，将已提前排干池水，底泥至“龟裂状”的育苗土池每667米^{2}用20千克生石灰均匀泼洒后，抽入经100目筛绢网过滤新鲜海水40厘米。全池泼洒茶籽饼，每667米^{2}10千克，进行肥水以及杀死池塘中的小鱼。如发现池塘有小虾，可用敌百虫0.3毫克/升、溴氰菊酯0.15毫克/升进行杀灭。3天后，待水中浮游生物大量繁殖，水色呈绿色、黄绿色时，加水至80～90厘米。每667米^{2}采用利生素1千克+葡萄糖1.5千克，浸泡过夜，翌日早晨泼洒，维持藻相稳定。隔2天，可继续追肥，保持土池水“肥、活、嫩、爽”，稳定藻相。

(2) 育苗土池孵化袋搭建 为方便育苗操作，在土池中搭建受精卵孵化袋。用聚乙烯纤维布或彩条布做成2米×4米×1米或3米×4米×1米袋子，在距离塘基边2～3米处，用竹子搭建架子，将孵化袋固定。为防止太阳紫外线直射，影响受精卵孵化，可在孵化袋上盖遮光率90%的遮阳网。抽入经100目筛绢网过滤新鲜海水70～80厘米。采用充气泵连接气石进行充氧，每平方米水面放入气石1.0～1.5个。这时，可放入受精卵进行孵化。

(3) 受精卵孵化及放养密度 将受精卵放入孵化袋中，充气，开始气量调整为微波状，随着胚胎发育，可逐渐加大气量，以提高溶氧量。在18℃的水温，孵化时间为58～60小时。根据管理技术水平及生产计划、池塘条件、饵料供应等，一般每667米^{2}土池放入受精卵以500～550克为宜，按孵化率80%计算，相当于每667米^{2}放养海鲈鱼花30万～40万尾。一般地，在受精卵孵化期间，每天缓缓加入新鲜海水，保持水体水质清新，换水量为10%～15%。

(4) 海鲈仔鱼放养 待海鲈受精卵完全孵化24小时后，仔鱼可“平游”，逆水性较强。这时可考虑将孵化袋一边打开，让仔鱼缓缓游离孵化袋，进入土池养殖水体，48小时后，将孵化袋缓缓去除。同时，认真观察土池仔鱼密度，如发现不足，3天内应重新进行受精卵孵化，时间间隔太长，会造成个体差异较大，出现相互残杀现象，导致育苗成活率低下。

(5) 投喂管理 开口饵料是仔鱼培育的关键。仔鱼下塘后，从轮虫培养池中按每667米^{2}2.5千克接种轮虫，每天定期观察水色，保持土池水色为绿色、黄绿色、褐色等颜色，维持水体中浮游植物数量，保证轮虫的摄食。仔鱼开口后，保持土池水体中轮虫数量为5～10个/毫升，利于仔鱼、稚鱼摄食；7～20天后，从枝角类、桡足类培育池捞取枝角类、桡足类投喂，桡足类密度为2～5个/毫升，20天后，逐渐减少活饵（枝角类、桡足类）的投喂量，开始驯化摄食人工饲料，将鱼浆＋冰冻桡足类（枝角类）＋海水鱼开口粉料调制成糊状，沿土池周边泼洒，诱导海鲈稚鱼摄食人工饲料。

一般诱食驯化4～7天后，可发现海鲈稚鱼集群摄食人工饲料。这时，降低至不用桡足类（枝角类），提高鱼浆+海水鱼开口料的配比。养殖35天左右，鱼苗生长至2.5～3.0厘米，鱼苗出现相互残杀现象，可分池分疏标粗或销售。

(6) 日常管理 土池育苗全过程用水从砂滤处理的海水或净化蓄水池进水，同时经100目滤网过滤，水温17℃～23℃，盐度为15以上，pH为7.8～8.4，最适pH为8.0～8.2，溶氧量保持在5毫克/升以上，亚硝酸盐控制在0.05毫克/升以下，氨氮控制在0.1毫克/升以下，透明度维持在35～45厘米。育苗池初始水位为80～90厘米，15天后应及时补充新鲜海水，每次添加量为3～4厘米，至25日龄达到最高水位1.1米左右，投喂量加大，可适当换入新鲜过滤海水，换水量一般不超过5厘米。育苗全过程注重保持良好水质，定期施用益生菌，如光合细菌、EM、硝化细菌等。在可能导致幼体受伤阶段或易受细菌感染阶段，如仔鱼破膜孵出、仔鱼分池操作等时，用1.0～1.5毫克/升的复方新诺明连续药浴2～3天，可达到早期有效预防鱼病发生；一般情况下不提倡使用药物。

3. 苗种驯化、标粗

海鲈为肉食性鱼类，当鱼苗培育到规格为2.5厘米以上时开始互残，并且随着个体逐步分化，残食现象更明显，导致鱼苗培育的成活率低下。应及时分疏培育、分级培育。为操作方便，苗种驯化、标粗宜在网箱或水泥池中进行。网箱培育可在池塘中定置浮排网箱（3.0米×5.0米×1.5米）或浅海浮排网箱进行，网衣一般采用尼龙无节网，网目尺寸为2～4毫米，以不挂伤鱼、使鱼不能逃逸。由于池塘浮排网箱（3.0米×5.0米×1.5米）具有建造成本低、水质可人工调控、操作方便等优点，南方海鲈苗种驯养多采用此模式。

(1) 分级培育 将土池或水泥池培育的海鲈苗放入标粗池（水泥池或网箱）中进行饲养，养殖8～12天后，会出现生长速度较快的个体，大、中、小比率一般为（5～10）：（80～85）：10，这时应及时过筛，将个体较大和较小的分开，进行分级培育。

(2) 鱼苗饲料驯化 在人工养殖情况下，经驯化后，海鲈可以摄食人工配合饲料。海鲈苗寻找食物以视觉为主，所以在投饲时应尽量引起鱼群的注意，若仅将饲料轻放水面而让其静静下沉，鱼苗通常不会发现而不予摄食。可通过搅动水体或敲打，吸引鱼苗集群，投喂饲料。2.5～3.0 厘米的海鲈苗可摄食冰鲜鱼浆，开始驯化时，冰鲜鱼浆加人工配合饲料（0 号料）比率为 80：20，待其摄食正常后，逐渐减少冰鲜鱼浆量，增加人工饲料的比率，一般经 10～15 天，海鲈苗可完全摄食人工饲料。为保证饲料营养，增强非特异性免疫，可在饲料中添加复合维生素 1 克/千克及益生菌，如嗜酸小球菌、芽孢杆菌、乳酸菌。

(3) 饲料投喂　鱼苗投喂应少量多餐，每天投喂 5～6 次，投喂时间为 07：00、09：00、11：00、13：00、15：00 以及 18：00，日投喂量为鱼体重 20%～25%，具体视水温、气候、水质等情况而定。随着养殖进程，鱼苗生长至 4～5 厘米，可进入池塘养殖。网箱养殖一般要求放养规格为 10 厘米的苗种。

4. 苗种运输

(1) 运输前的准备工作　运输前的准备工作主要有以下几个方面：①制定运输计划。根据鱼苗的种类、大小、数量和运输的远近等，确定运输方法。长途运输要安排好运输车辆或船只，并与车主洽谈好各项运输事宜，以免影响及时转运，造成损失。②准备好运输器具。运输器具必须事先准备好，并经过检验与试用，有损坏或不足的应及时修补或添置。③做好沿途用水的调查。运输前必须对运输路线上的水源、水质情况调查了解，选择好换水和补充水的地点。④人员配备。运输前必须做好人员的组织安排，分工负责，互相配合，各个环节互相衔接，做“人等鱼到、塘等鱼放”。⑤鱼苗“吊水”。苗种运输前 1～2 天，需停止投喂饲料，较少鱼苗排泄，保持水质稳定，保证鱼苗运输成活率。⑥做好鱼体锻炼。在长途运输鱼种前，应进行拉网锻炼，以增强鱼的体质。

(2) 尼龙袋充氧密封运输法　用小型尼龙袋充氧运输鱼苗具有体积小、装运密度大、装卸方便、成活率高等优点，一般不需中途换水。可作为货物利用铁路、航空托运或用汽车装运。具体操作方法是：先往尼龙袋内加入过滤的新鲜海水，包装袋规格为35厘米×60厘米或30厘米×50厘米，水温降至20～22℃，加水量占尼龙袋容量的1/4～1/3，然后装鱼。装鱼后立即排空袋内空气充入纯氧，使尼龙袋具有相当的弹性，如果是空运，则充氧量只能是陆运时充氧量的80%～90%。包装袋为35厘米×60厘米可包装3厘米鱼苗400尾，可运输10小时，运输距离为500～1 500千米。

(3) 汽车装桶运输法 用汽车装桶运输鱼苗具有运输成本低、装卸方便、成活率高等优点，但中途需换水，运输距离短。具体操作方法是：将制成体积1米^{3}的帆布袋圆桶装入汽车中，先往圆桶内加入过滤新鲜海水，水温降至20～22℃，圆桶加满水，充入纯氧。然后按鱼苗规格大小装鱼，规格为2.5～3.0厘米鱼苗装1.2万～1.3万尾，规格为5.0厘米鱼苗装0.8万～0.9万尾，一般5吨汽车可装12～14个圆桶。为防止运输时鱼苗被荡出，在圆桶上加盖尼龙无节网，并固定。一般运输4～6小时，需更换1/3水体。可运输10～15小时，运输距离为300～700千米。

第三节 海鲈养殖

海鲈的养殖模式主要有池塘高密度精养、池塘混养及网箱养殖。海鲈为广盐、广温性的河口鱼类，具有抗逆性强的特点，适合高密度养殖，在广东省珠海市，河口区域的池塘养殖每667米^{2}产量为4～6吨，有的超高密度养殖每667米^{2}产量高达8吨。海鲈池塘高密度精细养殖模式成为典型的养殖模式，为其他鱼类的高产养殖技术提供经验及借鉴。

一、池塘养殖

（一）池塘条件

1. 场地选择

养殖池塘应选择在生态环境良好、无污染源区域，且咸淡水供给充足。为应对高密度养殖的换水、增氧等需求，鱼塘还必须要有稳定、安全的供电保障。

2. 鱼池要求

(1) 池塘大小 池塘面积要适中，鱼塘太小，水体的稳定性差，水质容易恶化，不利于鱼的生长。鱼塘过大又会不利于操作管理，尤其是鱼的收捕。从增产增收的角度考虑，池塘水较深时会增加养殖容量、提高产量。但水过深，下层水中光照强度弱，溶氧量不足，不利于海鲈生长。所以，海鲈养殖池塘的面积不小于3 335米^2，多在4 002～8 004米^2。水深以1.8～2.8米为宜，且要根据海鲈的生长变化随时调节水质和水位（彩图49）。

(2) 鱼塘进、排水 海鲈的养殖池塘底部应平坦，四周统一有坡度，避免死角。池塘底质为沙泥底，不渗水，淤泥厚度不大于30厘米。进水和排水设计要合理，排灌方便。

(3) 进、排水要求 进水口应不低于水面，排水口一般在进水口的对面，位于池塘的最低处，兼具排污功能。在实际应用中，海鲈的养殖区内均设计配置抽水机，独立的进水、排水河渠及水闸。进水时，水体经过进水河渠和进水闸注入池塘；排水时，池塘的废水经过排水闸和排水河渠排出，通过净化处理后排至外部江河。当池塘水位较低时，可采用抽水泵排水、清污。

(4) 增氧设施配备 为达到高产目的，海鲈的高密度养殖必须保证充足的溶氧量，养殖池塘内均需要进行人工机械增氧（彩图50）。根据海鲈养殖密度，需配备一定量的增氧设施或设备。按目前广东省珠海市斗门区海鲈高密度养殖池塘，6 670米^{2}池塘配置叶轮式增氧机8台，水车式增氧机2，即每667米^{2}配置1台1.5千瓦增氧机，前者利于上下水层交换，后者利于水体的湍流，池塘水流速度为3～4米/秒可促进海鲈生长。为保险起见，海鲈养殖场内都应设有备用增氧机，一旦发生机械故障或缺氧，可及时应对。此外，为提高池塘增氧效果、提高水体上下层交换及节约电能，可安装底部增氧曝气盘（直径为60厘米），6 670米^{2}池塘配置叶轮式增氧机4台，水车式增氧机2，曝气盘16个，可节约10%～20%电能。

3. 清塘消毒

高密度的养殖会在塘底留存大量残饵和排泄物，所以养殖后的鱼塘必须作清理除垢和消毒处理，才能再次使用。排干池塘内的水，清理多余的淤泥和污垢后，平整鱼塘池底；同时，修整好池埂，以便收鱼时拉网和平时交通所用；池塘的进、出水口也要检查妥当，出水口应绑好防漏网，防止海鲈逃脱。

池塘清整完毕，即可开始塘底消毒，常规消毒可使用漂白粉或生石灰。池塘进水 10～20 厘米，人工全塘泼洒消毒。若使用生石灰，每 667 米^2 用量约 100 千克，使用漂白粉时，每 667 米^2 用量 30～40 千克。消毒完毕后，曝晒 2～3 天。

4. 三级围网设置

为方便养殖、驯食，清池后可对鱼塘进行围网分区，按鱼苗大小给予合适的水域空间。根据池塘的形状，由小到大，一般按照 1∶2∶4 的比例建造分区。以5 336米^2 鱼塘为例，按 1∶2∶4 比例，最小的分区面积为 667 米^2，较大的为2 668米^2。操作围网时，先垂直插稳木桩，再用渔网沿边绑定围好，网的高度为 1.5～2.0 米，用湿泥压好网底，保证网的绷紧、竖直，完成池塘的三级围网分区。

实际规模化养殖中，不少农户采用集中驯化标粗、分塘分级养殖的方法：将其中一整口池塘按鱼苗培育所需水位进水，作为标苗池，再根据鱼苗生长情况，数次分筛至周围的养成池中饲养。这是一种更便于规模化养殖和管理的模式。

（二）鱼种放养

1. 放养时间

每年 12 月初至翌年 3 月为主要放苗时间。放养鱼苗一般在 10：00—13：00，此时溶氧量比较充足。

2. 苗种选择

池塘养殖苗种规格为 3～5 厘米，网箱养殖规格为 10 厘米苗种以上的大规格苗种。海鲈的繁殖需要在高盐度海水中进行，条件要求较高。广东省珠海市斗门区，受地域影响，水源水体盐度在 10

以下，生产鱼苗难度较大，故为降低成本，主要从福建、山东及广东东部等地购买，一般在3厘米左右，且多为经淡化处理的鱼苗。优质鱼苗规格整齐、体质健壮、鳞鳍完整、脊柱端正无畸形，行动活泼，受惊后会迅速潜入水底、逆水性强。劣质鱼苗则相反，鱼苗畸形或行动力弱，颜色暗淡，成活率较低。

3. 苗种消毒

投苗前，鱼苗要进行消毒。可采用5毫克/升高锰酸钾溶液或0.1%的聚维酮碘浸泡10～15分钟消毒。

4. 放养密度

初期宜将鱼苗放养在较小面积的围网分区内，充足供给基础饵料，驯化鱼苗集中摄食，鱼苗的放养密度为每667米^{2}4万～6万尾。因海鲈为肉食性鱼类，为避免"大吃小"，鱼苗在放养时尽量一次投足，且规格整齐。

5. 海鲈苗种淡化

海鲈苗种淡化工艺流程较简单，规格为3厘米的海鲈苗种，从盐度22直接放入盐度为5的水体中，96小时成活率为98%以上。在生产上，在海鲈苗种培育池塘中、后期，定期添加淡水，最好能将盐度控制在8～15。

苗种运输时水体盐度调节至8，运转至河口区域养殖，将盐度调节至当地的养殖水体盐度，可放苗养殖。

（三）饲料投喂

1. 放种前培育生物饵料

放苗前7～10天，要首先进行培水。池塘按鱼苗培育水深要求，进水1.0～1.5米，培水主要的目的是：增加鱼塘内的有益微生物含量，为鱼苗提供生物饵料。培水可以采用生物发酵肥，并定期加注新水，以引入新的藻群，促进浮游生物的繁殖。

2. 饵料的投喂

（1）养殖前期 放养当天即可开始驯食，苗种培育前1～2天，主要饲喂枝角类浮游生物，第3～5天时，逐渐过渡至饲喂杂鱼浆和配合饲料，即0号开口料。采用少量多餐原则，每天投喂3～5次，日投喂量为鱼体重20%～50%，投喂合理适量，防止饲料过量造成水质污染。鱼苗放养15～30天，可拆掉最小的分区围网，继续养殖，养殖密度为每667米^{2}10 000～20 000尾。拆除分区围网的同时，还要为鱼塘注入新水，逐步提高池塘水位至水深1.5米左右。此阶段，可饲喂杂鱼浆，也可以用专门的配合饲料。目前养殖户大多采用人工颗粒饲料代替鱼浆养殖海鲈。由于鱼苗时期，已经锻炼了鱼的集中摄食，所以只需在食台上均匀饲喂鱼浆或配合饲料即可，每天可以饲喂2～3次。投喂鱼浆的日投喂量占鱼体重的10%～15%；投喂配合饲料的日投饲量占鱼体重的5%～8%。

(2) 养殖中、后期　当海鲈苗生长至规格为8厘米，就可以从围网分区中放开，进入大塘养殖阶段，海鲈的养殖密度为每667米^2 5 000～7 000尾。此阶段以投喂配合饲料为主，并根据鱼苗的摄食情况及时调整投喂量，水温低于15℃或高于29℃时以及阴雨天气应减少投饲次数和投饲量。

(3) 投喂管理措施　投喂应遵循“四定”原则（定时、定位、定质、定量）。

定时：海鲈的饲喂时间要固定，一般在清晨、傍晚，每天2次；高温炎热季节，投喂时间适度提前或延后。

定位：海鲈的投喂固定在食台上进行，可人工或用自动鱼料投饲机进行喂食。

定质：要保证投喂饲料的品质，必须科学配比，营养丰富，满足海鲈生长需求，且不得霉烂变质。

定量：海鲈的投饲应做到适量，因其摄食凶猛，不宜过量投喂，要根据海鲈摄食争抢程度灵活调整。要注意的是，海鲈不同生长阶段要选择不同大小规格、营养成分的饲料，注意选择正规厂家、通过质量认证、安全有保障的品牌。

(四) 管理措施

1. 日常管理

水体透明度是反映水体浮游动物、植物动态关系是否平衡的主要依据，氨态氮和亚硝酸盐是养殖水体中最常见的两种有害物质，因此，选择透明度、氨氮、亚硝酸盐等作为水质的主要监测指标，而对温度、pH、溶氧量等其他水质因子进行不定期的检测。同时，注意经常检查进、出水口设施和塘埂，防止逃鱼。当遇到高温闷热天气时，除每日白天巡塘外，还应增加一次夜间巡塘，保证增氧机开动时间。台风和暴雨季节在监测水体溶氧量、保证供氧的同时，更要昼夜值班，及时疏通渠道，做好排洪准备，避免鱼塘垮塌造成海鲈逃脱。当气温较低时，海鲈的活动与代谢都略有下降，此时，要注意调节水质，经常加注新水，饲料投喂量可较平日略低。如塘中发现死鱼，要及时捞出，妥善处理，以免病原扩散。

2. 水质管理

在海鲈的养殖中，要注意观察鱼塘的水质、水色变化，并及时调节，使水体透明度保持在 20～40 厘米，溶氧量在 5 毫克/升以上。实际养殖中，不少养殖户为保证水质清新和溶氧量充足，每天进行排换水及清污，每次换水量在池塘水量的 1/3 左右。并每隔 10～15 天定期施放有益微生物以改良水质。

3. 鱼病防治

前期，由于投喂浮游生物及杂鱼浆，水质容易滋生细菌，要做好白天、夜间巡塘，勤检测水质，适当添加防肠炎类药物，避免鱼病发生。中、后期，可每 20～30 天，用生石灰全池泼洒 1 次，每 667 米^2 用量为 5.5 千克左右；或每隔 15 天使用漂白粉全池泼洒，一般 1 米深鱼塘每 667 米^2 用量为 2～5 千克。一定要注意的是，在水体消毒的当天，不能投喂饲料。

二、池塘混养

在海鲈池中套养鳙、鲫与河蟹，能较好利用水体空间，发挥互补优势，提供养殖综合效益。

1. 池塘条件及准备

池塘面积一般为 3 335～4 669 米^2，水深 1.2 米以上；防逃设施为聚乙烯网布，木桩间距为1米。放鱼前10天用漂白粉清塘，每667米^{2}用量20～40千克。

2. 鱼种放养

进水1周后放养较大规格的鳙和鲫，每667米^{2}放养量分别为20～30尾和200～300尾；2月每667米^{2}放养人工繁殖的蟹种500～800只，3月放海鲈种800～1 000尾。

3. 饲养管理

(1) 施肥 前期每周施用经有益微生物发酵的有机肥，每667米^{2}30～50千克；之后根据水质状况适当追肥，以培养丰富的浮游生物。

(2) 投饲 3月初投喂冰鲜低值小杂鱼，可以切成小鱼块，根据水温，日投饲量为海鲈体重的1%～5%；低温天气每天平均投2次，时间分别为09：20、16：40，投饲量上午占2/5，下午占3/5；高温天气日投喂3次，时间分别为07：30、12：00、17：30。养殖中、后期，可以适当投喂部分人工配合饲料。

(3) 日常管理 坚持每天巡塘，白天察看水质，夜晚观察河蟹摄食及活动情况。在7—9月高温期每半个月左右换水1次，每次换水量为鱼池水体的1/3。

三、网箱单养

1. 水域的选择

海鲈喜欢生活在清澈、无污染水体环境中，对溶氧量要求较高，因而应选择透明度在60～80厘米，pH 7.0～8.0，溶氧量在4毫克/升以上，无污染，四季水位落差变化不太大，底质淤泥较少的港湾进行网箱养殖。具体要求如下：①要有合适的水质。水深在4～10米之间，水质清澈、无污染、水流畅通。②要避风，风浪较小，最好不要受台风的正面袭击，远离航道。③海区底质平坦，以泥、沙或沙泥底为佳。

2. 网箱的设置

海鲈商品鱼养殖网箱一般采用2米×3米或3米×3米聚乙烯

无结节网衣。网箱采用锚或木桩固定，为浮动式木框结构，用泡沫大浮球和木板构成浮桥式鱼排，将网箱上口绑在网箱上纲上，然后将上纲紧紧绑在框架的内缘上，使箱口高于水平面30～40厘米，下方四角以卵石等作沉子，网箱随水位升降而浮动。为便于操作，将网箱规格设计为3米×3米×2米、3米×4米×2米、4米×4米×2米、4米×5米×2米等，入水深1.5～1.7米。网目尺寸根据海鲈鱼种的规格而定，前期养殖淡化苗时网目尺寸为0.5厘米；待海鲈规格达6～8厘米时，网目尺寸为3厘米；当鱼体生长至0.5千克时，可用网目尺寸为5厘米的网箱养殖。

3. 鱼种放养

最好选择经过驯化培育，活力较强的、无伤、无病、较大规格的苗种；5～10厘米苗种每箱放4 000尾，10～20厘米的每箱放2 500尾左右，20厘米以上的为每箱1 800尾左右。

4. 投喂与管理

(1) 分箱和更换网箱 海鲈属凶猛的肉食性鱼类，如果管理不善很容易发生自残现象，在小苗期尤为明显，因此，要加强管理及时分箱，及时投喂防止出现过多的自残。另外，随着鱼体的不断增长，个体越来越大，也要求及时更换网箱。

(2) 投饲管理 主要以低质冰鲜小杂鱼为主，辅以5%的配合饲料粉末经绞肉机绞合而成。鱼苗期应在每天早、中、晚3次投饲，每次按每100尾鱼40克的投饲量投喂，随着鱼体的增加而不断增加投饲量，中、后期按照每天早、晚2次投喂，按每100尾鱼1 500克的投饲量投喂，并根据实际情况灵活增减投饲量。

也可以投喂人工配合饲料，投喂配合饲料的日投饲量占鱼体重的5%～8%。

(3) 日常管理 要不定期地对鱼体进行测量，做好各种记录以便很好地掌握鱼类的生长情况，及时调整投饲量。另外，要加强看护：一是防止网箱中的鱼被盗，二是防止过往船只侵入海区造成不必要的损失。

第四节 疾病防治

海鲈病害涉及诸多方面的因素，如气候、水域生态环境、肌体本身和病原等。近年来水产动物的病害并发症十分普遍，因此，在实际诊治过程中务必要根据具体情况灵活处理，不能照搬照抄书本经验。另外，应倡导健康养殖，减少抗生素的使用率，推广低毒、无污染的高效渔药势在必行。水产养殖中杜绝使用禁用药，渔药使用须严格按《中华人民共和国兽药管理条例》进行。海鲈的疾病主要分为病毒性疾病、细菌性疾病和寄生虫性疾病三大类。

一、病毒性疾病

1. 病毒性出血败血症（艾特韦病）

(1) 病原 艾特韦病毒。

(2) 主要症状与诊断 病鱼体表两侧出血，上、下颌与吻部出血，胸鳍、背鳍基部充血，严重时病鱼部分鳞片脱落，有的溃疡。解剖病鱼，肝脏失血，肠管充血（彩图 51）。

(3) 流行季节 发病季节为 6—11 月，流行季节为 9—11 月。当年鱼和 2 龄鱼均可感染。目前尚无有效的治疗方法。

(4) 防治方法 ①实行严格的检疫制度，杜绝病原从亲鱼或苗种带入。②池塘放养前应清淤消毒，每 667 米^2 用生石灰 150 千克，或漂白粉 25 千克（有效氯含量为 30%）。③网箱养殖应经常清洗网衣，定期更换网衣，使水流畅通，降低放养密度；放养前用 20 克/米^3 的聚维酮碘淡水溶液浸泡 5 分钟。④定期投喂大黄、板蓝根、贯众等抗病毒中药，有防治作用；或投喂益生菌，提高鱼体的免疫力。

二、细菌性疾病

1. 细菌性肠炎病

(1) 主要病原 肠型嗜水气单胞菌

(2) 主要症状与诊断 病鱼不摄食，肛门红肿，或外凸，用手轻按腹部，有脓状液体流出。肠道充血，尤其以后肠充血发红最为明显（彩图 52）。诊断步骤：①解剖鱼腹和肠管，肉眼可见肠壁充血发炎。肠壁的弹性较差，肠腔内没有食物（或仅在后肠有少量食物），而有很多淡黄色液体（彩图 52）。②取病鱼的肝、脾，接种在 R-S 选择和鉴别的培养基上，置于培养箱（25℃）培养 24 小时，可见长出黄色菌落，即可确诊。

(3) 流行情况 5—10 月。

(4) 防治方法 ①投喂新鲜饲料。②定期在饲料中添加有益微生物，如每千克鱼添加芽孢杆菌 2.0 克、嗜酸小球菌 1.5 克，优化肠道菌落。③疾病发生时，可每千克鱼拌料投喂土霉素 50～80 毫克＋维生素 C 1 克＋大蒜浆 30 克。④每千克鱼拌料投喂“海水鱼必康”（中国水产科学研究院珠江水产研究所水产药物实验厂生产）1.0 克，每天 1 次，连用 3～4 天。

2. 鱼屈挠杆菌病

(1) 主要病原 柱状屈挠杆菌。

(2) 主要症状与诊断 鳃片上有泥灰色、白色或蜡黄色斑点。鳃黏液多，并常常黏附淤泥。严重时鳃盖骨中央的内表皮腐蚀成圆形或不规则的损伤，鳃盖有一小孔，俗称“开天窗”（彩图 53）。诊断步骤：①肉眼观察，鳃颜色变为深红色，鳃丝肿胀，黏液增多，末端腐烂缺损，软骨外露；显微镜观察，鳃上无大量寄生虫寄生，可初步诊断。②取鳃上淡黄色黏液，涂片，显微镜（放大倍数 10×40）下见有大量细长、滑行的杆菌，有些菌体聚集成柱状，可诊断为此病。③酶联免疫测定法诊断。

(3) 流行情况 水温 20℃以上开始流行，最适的流行季节为 26～32℃。常见于养殖的各种规格鱼类，常与赤皮病和肠炎病并发，危害多种养殖的海水鱼类。

(4) 防治方法 ①500 毫升/米^{3}的福尔马林或 1%～2%的戊二醛淡水溶液浸泡病鱼 15～20 分钟，病情严重可隔日再浸泡 1 次。②每千克鱼拌料投喂中草药粉剂（五倍子 1 份＋三黄 5 份＋辣蓼

1.5份）2.0克；或每千克鱼定期投喂嗜酸性小球菌1.5克，以提高鱼体的抗病力。③每千克鱼拌料投喂利复平50毫克＋大蒜浆0.5克。④每千克鱼拌料投喂“鱼丹1号”20毫克，或“鱼能生”1.0克，每天1次，连用3～4天。

3. 出血病

（1）主要病原 出血病是由弧菌引起的。弧菌的种类多，目前已证实毒力较强的弧菌菌株有：鳗弧菌（*Vibrio angaillarum*）、副溶血弧菌（*V. parahaemolyticus*）、哈氏弧菌（*V. karveye*）、创伤弧菌（*V. vulnificus*）、溶藻弧菌（*V. alginalyticus*）等。

（2）主要症状与诊断 海鲈体色发黑体，严重时，躯干部皮肤发生糜烂；眼球凸出，鳍及眼球也出血（彩图54），肛门红肿，肠、肝和生殖腺上可见弥漫性出血和点状出血。有时肠管内有带血的黏液状物。

（3）流行情况 危害大，全年可见。

（4）防治方法 ①中国水产科学研究院珠江水产研究所已研制出海水鱼弧菌疫苗（浸泡型及注射型），使用简单方便，小规格鱼苗进行浸泡免疫，大规格鱼种进行注射免疫，现正在进行田间验证；用于预防海鲈、石斑鱼、红鳍笛鲷、紫红笛鲷、黄鳍笛鲷、大黄鱼等十几个养殖品种的弧菌病，效果较显著。②每千克鱼每天用磺胺二甲氧嘧啶100～200毫克拌饲投喂，连喂4～6天。③每千克饲料每天加入强力霉素20～50毫克，连喂6天。④每千克鱼每天加入氟苯尼考50～80毫克，拌饲投喂，连喂5～6天。⑤网箱养殖，2～3克/米^{3}的季铵盐碘淡水溶液浸泡病鱼5～10分钟；池塘或水泥池养殖，用漂白粉（有效氯含量为30%）1克/米^{3}或季铵盐碘0.5克/米^{3}全池泼洒。病情严重隔天再使用1次。

三、寄生虫性疾病

1. 隐核虫病

该病也称海水小瓜虫病。

（1）主要病原 刺激隐核虫（彩图55）。

(2) 主要症状与诊断 ①病鱼体表、鳃、眼角膜和口腔等与外界相接触处，肉眼可见小白点。②严重时体表皮肤有点状出血，鳃与体表黏液增多，形成一层白色混浊状薄膜。病鱼食欲不振。③确诊以镜检虫体的存在和寄生虫体数量为依据。该虫的形态特征：虫体呈球形或卵形，全身被有纤毛，前端有一胞口，其大核呈卵圆形，4～8个，一般4个，相连呈念珠状排列（彩图55）。

(3) 流行情况 刺激隐核虫繁殖水温为10～30℃，最适水温为25～30℃，夏季和秋季易发此病。主要危害网箱养殖、池塘养殖或水泥池的鱼苗和鱼种。

(4) 防治方法 刺激隐核虫病较难治疗，一般采取预防措施为主。如发生此病，可采用以下方法。

①池塘养殖：醋酸铜全池泼洒，使池水浓度为0.1～0.3克/米^3；也可每667米^{2}使用生姜1.0千克和辣椒1.5千克，煮沸后全池泼洒预防；在河口区域池塘养殖，可加入淡水，抑制虫体繁殖。②网箱养殖：5.0～8.0克/米^{3}醋酸铜淡水溶液，浸洗病鱼3～15分钟（具体时间视不同种鱼的忍受程度），浸洗后如能移入含2.0～2.5克/米^{3}的阿的平或盐酸奎宁的水体中暂养，效果更好。

2. 纤毛虫病

(1) 主要病原 车轮虫、杯体虫等。

(2) 主要症状与诊断 病鱼体表及鳃部分泌大量黏液，形成一层黏液层；鱼体消瘦，发黑，游动缓慢，呼吸困难，最后死亡。镜检见车轮虫或杯体虫可确诊（彩图56，图3-13-2）。

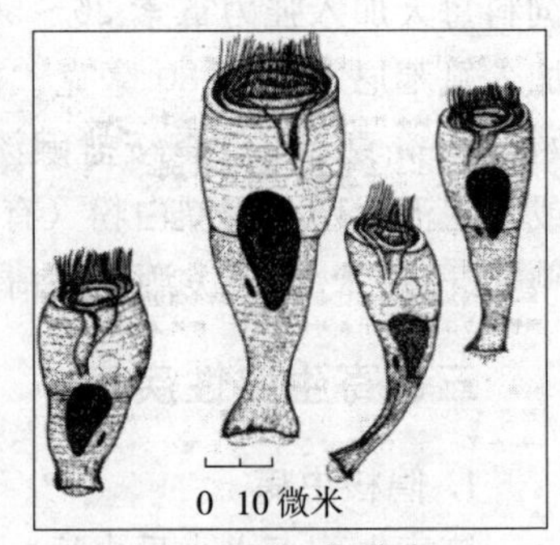

图3-13-2 杯体虫
（仿陈启鎏）

(3) 流行情况 纤毛虫适宜水温20～28℃，流行于4—7月。

(4) 防治方法

预防方法：①苗种放养前用淡水浸洗5～10分钟。②控制放养密度，保持水质良好，流行季节每个月可施药2～3次。

网箱养殖治疗方法：①50%的硫酸铜与硫酸亚铁合剂（5∶2）和50%的细沙混合后挂袋。②400毫升/米^{3}的醋酸淡水溶液浸洗10～15分钟。③3～5克/米^{3}的醋酸铜溶液浸泡5～10分钟。④同时配合投喂抗生素，以防细菌感染。⑤100毫升/米^{3}的福尔马林淡水溶液浸泡10分钟。

池塘养殖治疗方法：①硫酸铜与硫酸亚铁合剂（5∶2），按1.0～1.2克/米^{3}用药，全池泼洒。②福尔马林，按30～50毫升/米^{3}用药，全池泼洒。③代森铵，按0.5克/米^{3}用药，全池泼洒。④全池泼洒阿维菌素，按0.04～0.06克/米^{3}用药。

3. 指环虫病

(1) 主要病原 鲈指环虫、茹茎指环虫。

(2) 主要症状与诊断 主要寄生于鱼的体表和鳃丝上，利用虫体锚钩破坏鳃丝和体表上皮细胞，刺激鱼体分泌大量黏液。大量寄生时，鳃瓣浮肿，鳃丝全部或部分灰白色。如虫体寄生于小鱼体表和鳃丝上，则病鱼鳃盖张开，鱼体发黑。镜检见虫体可确认此病（彩图57）。

(3) 流行情况 该病流行于春末和秋初。

(4) 防治方法 ①晶体敌百虫面碱含剂（比例为1∶0.6），浓度为3～5克/米^3，浸泡5～10分钟。②高锰酸钾：20克/米^3，水温为10～20℃，浸洗20～30分钟；水温为20～25℃，浸洗15分钟；水温在25℃以上时，浸洗10～15分钟。③8～10毫升/升的戊二醛淡水溶液药浴15～20分钟（视鱼的耐受程度调整）。④此外，还可使用盐酸奎宁、耐苦冈、福尔马林、麦沙剂等药物。

(5) 备注 ①指环虫易产生耐药性，治愈有一定的难度，宜通过加强日常管理，做到早发现早治疗，并增强鱼体的非特异性免疫；②敌百虫对病鱼食欲有一定的影响，使用时应予以考虑。

4. 鱼虱病

(1) 主要病原 东方鱼虱、混淆鱼虱、多刺鱼虱等。

(2) 主要症状与诊断 虫体寄生在病鱼的体表及鳃上，肉眼可见。病鱼不安，狂游，或于水面作跳跃式快速游动。肉眼观察及结合镜检可确诊（彩图 58）。

(3) 流行情况 该病流行地区广，我国从南至北均有分布，尤以海南、广东、广西、福建等地为甚。常引起大批鱼种死亡。在我国南方地区，鱼虱全年均可产卵，一年四季均有流行。江苏、浙江一带为 4—10 月，长江流域每年 6—8 月为流行盛期。鱼虱对宿主无严格的选择性。

(4) 防治方法

咸淡水池塘养殖：①生石灰带水清塘，每 667 米^2 用量为 125～150 千克。②0.25～0.50 克/米^3 的晶体敌百虫（敌百虫含量为 90%）全池泼洒。③1～2 克/米^3 的粉剂敌百虫（敌百虫含量为 2.5%）全池泼洒。④全池泼洒 10.0 克/米^3 的高锰酸钾，适用于小水体。⑤用杨梅枝、马尾松、樟树枝叶各 1.5～2.0 千克，扎成 1 捆，分别插在塘中，每天移动 1 次，可治疗此病。⑥每立方米水体用新鲜带叶松枝 35 克左右，扎成数捆，放入鱼池中，对此病有一定疗效。

海水网箱养殖：①300 毫升/米^3 的福尔马林淡水溶液浸泡 5～15 分钟。②10～20 毫克/升的晶体敌百虫淡水溶液浸泡病鱼 10～15 分钟。

使用敌百虫时，注意观察病鱼的游动情况。如反应剧烈，应立即把鱼放回养殖水体。

第十四章　海鲈养殖实例

一、珠海市斗门区高密度海鲈养殖池塘生态混养技术

珠海市斗门区利用当地的有利条件，开展海鲈高密度池塘生态混合养殖，通过调整养殖结构，在海鲈高密度池塘中放养摄食浮游动物的鳙及摄食塘底有机物的底层鱼类鲫，将养殖废物及时转化为鱼，提高了池塘单产，又维护了海鲈高密度池塘水质理化指标。

1. 池塘条件

连续 3 年在斗门区白蕉镇共计 9 口池塘中进行，其中每年设实验池塘 2 口，对照池塘 1 口。池塘编号及面积见表 3-14-1。养殖池塘均为土池，咸淡水充足，进、排水设计合理，排、灌方便；池塘土壤符合《农产品安全质量　无公害水产品产地环境要求》（GB/T 18407.4）要求，底部平坦，底质为沙泥底，不渗水；水源符合的要求，水质分别符合《无公害食品　海水养殖用水水质》（NY 5052）和《无公害食品　淡水养殖用水水质》（NY 5051）的规定，水深 1.8～2.5 米。每 667 米^2 配叶轮式增氧机 1.5 千瓦，每口池塘配备 1.5 千瓦的用于增氧的 20 厘米口径的潜水泵 2 台。

2. 池塘的准备

养殖池塘采用喷泥枪清除淤泥后全塘泼洒生石灰，每 667 米^2 用量为 150 千克，对池底进行曝晒。然后在原池中修筑三级围网设置，分别作为鱼苗培育池及鱼种的一级和二级培育池使用，比例为 1∶2∶4，并在鱼苗培育池上面设置 40 瓦照明灯 1 盏；注入新鲜水后，全池泼洒生石灰净化水质，每 667 米^2 用量为 5 千克，3 天后再施经发酵的有机肥和有益微生物培育基础饵料生物。

3. 海鲈鱼苗的放养

养殖池塘均采用经检疫合格、规格整齐、体质健壮、无病、无

伤、无畸形的海鲈鱼苗（2～3 厘米），放养密度见表 3-14-1。

4. 饲养管理

养殖前期以泼洒黄豆浆或鲜杂鱼浆为主，特别是在鱼苗培育期，每晚开启照明灯以吸引浮游动物集中，利于鱼苗摄食；养殖中、后期以投喂配合饲料为主，并根据鱼苗的摄食情况及时调整投喂量，水温低于 15℃或高于 29℃时以及阴雨天气相应减少投饲次数和投饲量。

5. 池塘的主要生态调控措施

(1) 鱼类放养　在放养海鲈鱼苗的同期，在池塘引入鳙和彭泽鲫作为生态调控鱼，放养规格分别为 20 克/尾和 5～6 厘米，放养密度和搭配见表 3-14-1。

表 3-14-1　鱼苗的放养情况

项目	池塘编号								
	B01	B02	B03	M01	M02	M03	W01	W02	W03
面积（米^2）	5 002.5	5 336	5 202.6	6 536.6	6 670	6 670	4 535.6	4 802.4	4 602.3
放苗日期（月-日）	01-10	01-10	01-10	01-08	01-08	01-08	01-07	01-07	01-07
每 667 米^2 海鲈数量（万尾）	1.00	1.00	1.00	1.05	1.05	1.05	1.15	1.15	1.15
鳙（尾/万尾）	30	60	0	60	90	0	90	120	0
彭泽鲫（尾/万尾）	100	200	0	200	300	0	300	400	0

注：鳙和彭泽鲫的放养密度指每万尾海鲈的放养量。

(2) 水质变化

①养殖期间营养指数（*E* 值）的变化：养殖初期试验池及对照池的水体营养指数基本相近，*E* 值均小于 1，未出现富营养化；随着养殖的进行，养殖池塘的营养指数变化较大，特别在中、后期，对照池均多次出现 *E* 值大于 1，显示富营养化严重；而试验各池的 *E* 值仍然低于 1，无富营养化出现。从水体达最大养殖容量时，即第一次起捕前的 *E* 值来看，试验池随着生态调控鱼类放养量的增加而降低，而对照池随着海鲈放养量的增加而提高（表 3-14-2）。

表 3-14-2 养殖水体最大养殖容量时的主要水质因子

池塘编号		B01	B02	B03	M01	M02	M03	W01	W02	W03
最大养殖容量时的天数（天）		247	245	236	248	244	232	245	243	228
营养指数（*E*）（毫克/升）		0.85	0.76	1.54	0.74	0.67	1.72	0.65	0.60	2.15
主要水质因子	亚硝酸盐（毫克/升）	0.15	0.1	0.25	0.12	0.05	0.30	0.05	0.005	0.35
	氨氮（毫克/升）	0.5	0.3	1.1	0.4	0.2	1.5	0.2	0	1.5

注：营养指数（*E*）按公式 E＝化学耗氧量×无机氮×活性磷酸盐×10^6/4 500 计算，单位为毫克/升。

②氨氮和亚硝酸盐：在养殖前期，试验池及对照池的水体氨氮和亚硝酸盐含量均较低，基本相近，中、后期试验池水体氨氮和亚硝酸盐含量稍有一定程度的上升，而从水体达最大养殖容量时，即第一次起捕前的主要水质因子的表现来看，随着生态调控鱼类放养量的增加而降低（表 3-14-2）；对照池的换水量尽管是试验池的 2 倍，但其水体氨氮和亚硝酸盐含量远远高于试验池。以 2004—2005 年度养殖池塘为例，从图 3-14-1 和图 3-14-2 可明显看出，6 月上旬以后养殖水体氨氮和亚硝酸盐含量上升，但试验组的氨氮和亚硝酸盐含量分别低于 0.5 毫克/升和 0.15 毫克/升，而对照池的氨氮和亚硝酸盐含量分别大于 0.8 毫克/升和 0.25 毫克/升，差异显著。

③透明度的变化：养殖前期试验池及对照池的水体透明度变化基本相近；中、后期，试验池的透明度变化幅度相对较小，水质稳

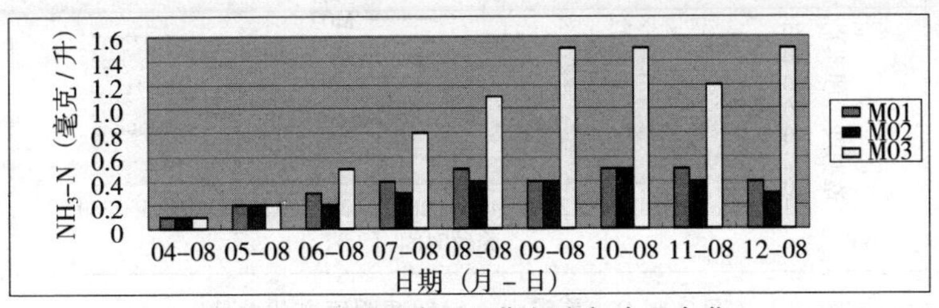

图 3-14-1 养殖中、后期氨态氮含量变化

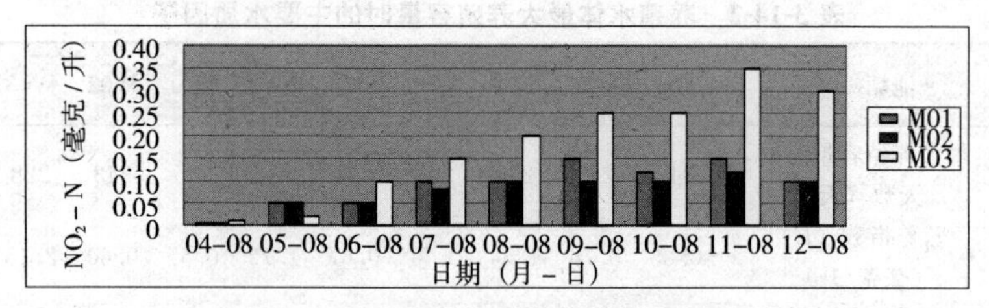

图 3-14-2　养殖中、后期亚硝酸含量变化

定，无明显水质恶化现象，而对照池的透明度变化幅度较大，水体多次出现恶化等状况。从图 3-14-3 可以看出，试验组 M01 和 M02 的透明度变化曲线相对平稳，在 39～56 厘米，水质稳定，水体呈动态平衡；而对照组 M03 的变化过大，在 24～76 厘米，平衡失控，水质多次恶化。此时，通过采取加强换水和增氧，用硫酸铜等消毒处理，施用生物制剂改善水质等措施才得以改善。

通过 3 年的对比养殖试验和对水体透明度的连续测定，笔者发现在海鲈高产养殖中、后期，当水体的透明度大于 60 厘米或小于 30 厘米时水质容易突变，随后恶化；而当水体透明度在 30～60 厘米时水质优良且稳定。因此，可以选取水体透明度的变化范围在 30～60 厘米作为衡量养殖中、后期水体生态平衡的主要依据之一，而把水体的透明度大于 60 厘米或小于 30 厘米时作为衡量水体平衡失控，水质恶化的主要预警指标之一（图 3-14-3）。

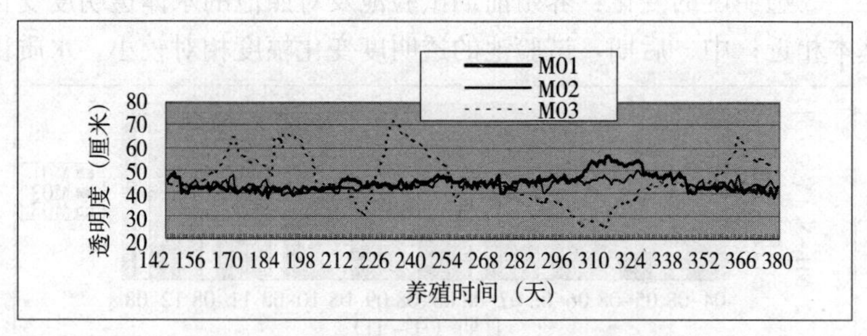

图 3-14-3　养殖中、后期透明度变化曲线

6. 海鲈的生长、产量和综合效益

从表 3-14-3 可以看出，3 年中海鲈平均成活率，试验池为 83.4%，对照池为 71.2%，成活率明显提高；3 年中海鲈平均规格，试验池为 0.62 千克/尾，对照池为 0.54 千克/尾，生长速度提高明显；3 年中试验组最高产量为每 667 米^2 6 033千克，最低为每 667 米^2 4 914千克，平均每 667 米^2 产量为5 510千克，而对照组最高产量为每 667 米^2 4 216千克，最低为每 667 米^2 4 083千克，平均每 667 米^2 产量为4 132千克；平均每 667 米^2 增产1 378千克；3 年中平均养殖成本试验池塘比对照池塘下降约 0.11 元/千克（即实现平均每 667 米^2 直接降低养殖成本 606 元），加上生态调控鱼类本身的利润，试验组取得每 667 米^2 纯收入最高为31 307元，最低为 8 795元，平均每 667 米^2 利润21 475元，平均每 667 米^2 利润比对照组增长7 977元。

表 3-14-3 池塘养殖试验的产量与效益

	池塘编号	B01	B02	B03	M01	M02	M03	W01	W02	W03
养殖天数(天)	开始收鱼	247	245	236	248	244	232	245	243	228
	结束收鱼	395	392	407	400	399	410	405	403	415
每 667 米^2 产量（千克）		4 914	5 198	4 083	5 442	5 563	4 112	5 998	6 033	4 216
平均养殖成本（元/千克）		11.26	11.25	11.34	11.36	11.35	11.48	11.42	11.41	11.54
平均鱼价（元/千克）		16.80	16.85	16.57	15.20	15.20	15.00	12.50	12.50	12.30
平均规格（千克/尾）		0.63	0.63	0.56	0.62	0.63	0.55	0.61	0.61	0.52
鱼成活率（%）		78.8	82.5	72.0	83.6	84.1	71.2	85.5	86.0	70.5
生态控制组每 667 米^2 产量(千克)		130	232	0	238	308	0	320	350	0
生态控制组每 667 米^2 利润（元）		1 305	2 201	0	2 235	2 417	0	2 400	2 219	0
平均每 667 米^2 利润(元)		28 529	31 307	21 354	23 134	24 392	14 474	8 878	8 795	3 204

二、珠海市之山水产发展有限公司“田字法”工程化池塘海鲈高产养殖实例

海鲈高产养殖技术已取得较大的突破，但仍以大量换水、高能增氧及使用消毒剂等传统方式维持养殖水体的稳定，从而达到高产的目的。这种养殖方式存在耗能大、污染大及产品质量安全隐患大

等因素，不利于海鲈健康安全养殖，影响海鲈产品销售。鉴于此，在珠海市之山水产发展有限公司养殖基地，应用工厂化水质处理的技术原理，开发出一种效率高、零排放、保障水产品质量的高密度、生态工程化的池塘养殖系统，提高池塘水体的人工调控程度，为高密度池塘提供安全养殖技术保障。

1."田"字法工程化池塘建设

应用工厂化水质处理、水质修复等技术，应用工程化池塘建设技术改造池塘。该工艺的基础设施包括苗种标粗塘、养殖池塘、生化池、中央收集池、养殖设备等，是一种新型的"田"字形池塘养殖系统（图 3-14-4）。

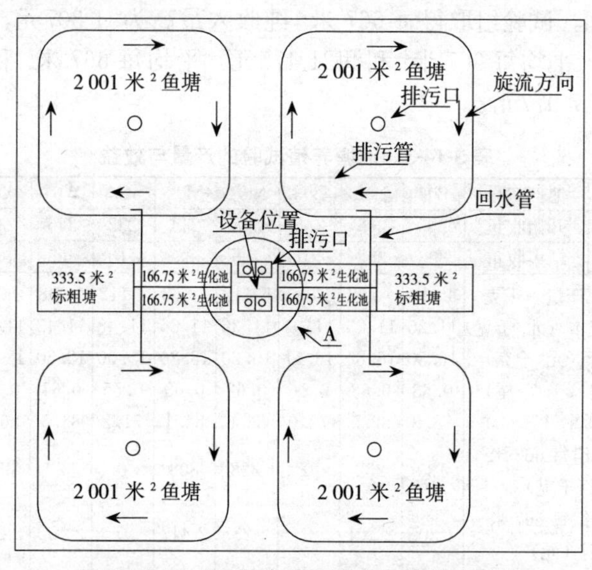

图 3-14-4 "田"字法工程化池塘养殖系统

2."田"字法工程化池塘水质处理系统

"田"字法池塘水质处理系统位于"田"字法养殖模式 4 个池塘的中间，主要由势能过滤器、多功能旋流集污器、泡沫分流器、生物过滤器、曝气池等主要组分构成。将养殖池塘与中央收集池以管道相通，通过势能过滤器、多功能旋流集污器将抽出的池塘底部水体，进行初步过滤，再分别进入泡沫分流器、生物过滤器及曝气池进行进一步处理，组建一种新型的“田”字法池塘循环养殖方式。经过处理的水体，进入养殖池塘，使整个养殖用水进行内部循环，利于养殖水体的上、下层交换，养殖池塘底部水体的溶氧量可达4毫克/升以上，可以解决养殖池塘底部溶氧量偏低的现象。“田”字法模式水质处理系统具体介绍见图3-14-5。

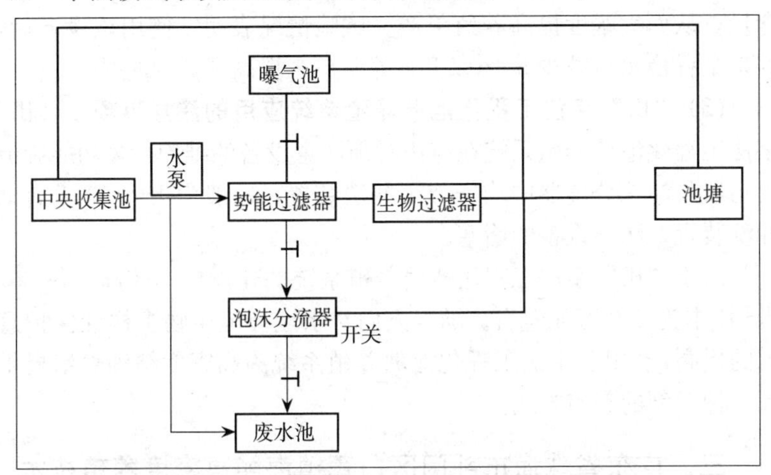

图3-14-5　“田”字法工程化池塘水质处理工艺流程

3. “田”字法工程化池塘的应用

在完成“田”字法工程化池塘建设后，设计、优化养殖系统的技术工艺的方案。

(1) 苗种标粗　“田”字法工程化池塘系统内设计有苗种标粗塘，放养海鲈苗种，进行标粗，以提高养殖系统的利用率。

(2) “田”字法工程化池塘养殖　放养前进行清塘、进水、肥水等养殖操作，启动“田”字法工程化池塘水质处理系统，调试系统设备耦合性，主要包括循环泵与多功能旋流集污器的出水速度平衡，循环泵、多功能旋流集污器与泡沫分离器的进水、出水的平衡。15天后，系统运行正常，根据海鲈的生活习性，放养大规格种苗，进行养殖生产。

经过3年的生产实践，“田”字法工程化池塘系统可有效提高养殖水体上、下层的交换，有利于养殖水体水质调控，保障高密度池塘溶氧量的提高（可达4.0毫克/升以上）及垂直分布，提高池塘底部的氧化还原电位（ORP），使池塘底部的氧化还原电位维持在150毫伏以上。“田”字法养殖系统中的生化池、泡沫分流器可消除水体中的部分有机物，有效降低养殖池塘中的氨氮、亚硝酸氮含量，从而大幅度提高养殖单产。试验情况表明，使用该设备后，养殖全程换水量减少50%以上，养殖单产提高了30%左右。

(3) “田”字法工程化池塘养殖系统应用的注意事项 “田”字法工程化池塘养殖系统在应用时须注意设备的维护，多功能旋流集污器与泡沫分离器中均安装了冲洗装置，一般为10～20天启动冲洗装置，防止设备的堵塞。

由于“田”字法工程化池塘养殖系统的建设成本较高，每667米^{2}成本为2.0万元左右。随着人们对水域环境生物多样性保护意识的提高，“田”字法工程化池塘养殖系统为高密度精细养殖提供了一种新型的养殖方式。

三、广东省珠海市斗门区白蕉镇海鲈高密度养殖技术

广东省珠海市斗门区白蕉镇地处珠江口，具有特有的咸淡水水质，是我国最大的海鲈养殖基地。2013年斗门区白蕉镇海鲈的养殖面积已达1 333.33公顷，年产量8万多吨，配合饲料需求量达10万吨以上，成为当地农业经济的支柱产业。同年，“白蕉海鲈”成为广东省珠海市首个国家地理标志保护产品，将进一步提升了“白蕉海鲈”的品牌价值，其养殖前景广阔。主要技术介绍如下。

1. 池塘条件与放苗准备

(1) 池塘的准备 池塘应设有进水口和排水口，进水口不能低于水面，排水口通常设置在进水口的对面，鱼池的最低处，并兼有排污功能，进水渠与排水渠分开，避免交叉污染。海鲈养殖池塘一般不小于3 335米^2，以5 336～8 004米^{2}为宜，若太小水质容易恶化，水体稳定性、缓冲性差。根据目前生产水平，池塘水较深，单

位面积水量大的可增加养殖密度，提高鱼的产量，但水过深，则下层浮游植物量少，光合作用弱，池底有机物质分解产生有害物质增多，因此，池塘水深以1.6～2.0米为宜。

(2) 消毒 放苗前半个月左右需修整养鱼池塘，排干水，消除过多淤泥，平整池塘，池底四周统一设有坡度，以避免死角。一般每667米^{2}采用生石灰150千克或漂白粉20毫克/升，带少量池水消毒，消毒后曝晒2～3天即可。

(3) 围网 根据鱼苗生长的大小提供适宜的水域空间，使饲料得到充分利用。按照自己池塘的形状及鱼苗多少划分不同的区域，一般可将池塘划分为3个区域，按照围网面积由小到大以1∶2∶4的比例来建造。建立围网时一般采用直径6厘米的木桩竖直插入池塘里，深度约为25厘米，木桩按池塘划分进行建造。先将渔网绕着木桩围好，然后将渔网的上端结实地绑在木桩上，避免渔网松动下落，鱼苗逃脱，最小区域渔网高度1.5米左右，其他区域2米左右，网底用泥土覆盖在上面，保证渔网缩紧绷直。

(4) 培水 放苗前7天开始培水、增肥，第一次注水0.8～1.0米，一般采用含氮较多的有机肥全塘泼洒，分3～5天完成，第一次为每667米^{2}1千克，以后逐渐减少，最终施肥总量为每667米^{2}3千克即可。

2. 鱼苗选择与培育

(1) 鱼苗选择 每年12月初至翌年3月为放苗时间，鱼苗基本是在福建孵化并淡化后直接运到斗门区用网箱暂养出售，选苗时注意鱼苗规格，品质纯正，健康无病，规格整齐，游动活泼，一般2～3厘米，谨防“黑身”鱼苗，该鱼苗运输成活率低。

(2) 鱼苗放养 放养时间以10：00—13：00为宜，此时氧气比较充足，开动增氧机，用水桶盛装鱼苗放入水中，使鱼苗缓慢游进围网。放养后17：00开始喂食，开始用水蛛或鲜杂鱼浆拌鳗鲡饲粉投喂，鱼浆尽量打匀。1天后开始驯食，采用少量多餐的原则，07：00—18：00，每小时投喂1次，投喂量为鱼体重的20%～50%，随着鱼体增长，每天3～5次，合理适量，防止过量造成水质污染。

到鱼苗5～6厘米时可以逐步转为投喂膨化料，鱼苗阶段喂料要适当添加预防肠炎类药。鱼苗逐步长大后撤掉最小的渔网，注入新水提高水位，达到1.5米左右。养殖2～3个月后称为“中鱼”，撤掉所有围网，进入大塘，一般养殖密度为每667米^2 8 000～10 000尾。

3. 养殖管理

海鲈养殖遵循“四定”原则，其摄食凶猛，不宜过量投喂，一般以八成饱为宜，以减少肠炎等病害发生，避免水质恶化。养殖期间每天投喂2次，高温炎热季节，一般投喂时间为06：00—07：00和18：00—19：00，保证在最适摄食温度投喂，提高饲料利用效率，如遇台风、连续阴雨天应适当减少投饲量。

为达到高产目的，保证充足溶解氧是必要条件，根据海鲈密度酌情配备增氧机，一般每1 334米^2 配备1台1.5千瓦增氧机，晚间做好巡塘工作，及时开动增氧机，防止浮头造成损失。若经济条件允许，还可使用耕水机改善水质。定期施放微生态制剂，有效降解氨氮和亚硝酸盐，保持良好水质。养殖期间做好消毒与杀虫工作，一般每15～20天消毒1次，频率视天气和鱼吃食情况而定。投饲时仔细观察海鲈摄食情况，注意有无不规则游动鱼，大量发病前鱼游动活力减弱，此时也是预防鱼病的最佳时期。

海鲈捕捞期一般为春秋两季，每年10—11月为捕捞高峰期，近几年，采用人工配合饲料养成的1龄鱼全程饲料系数在1.4～1.5，次年春季出鱼饲料系数为1.5～1.6，目前海鲈加工产品远销日、韩市场，利润颇丰。

4. 海鲈常见病害防治

(1) **鲈出血病** 体表两侧、鳍条、鳍基充血、出血，解剖肠壁充血。预防措施：一般需做好养殖前鱼塘清理、消毒工作，发病初期采用维生素K_3拌饲料投喂，用量为100千克饲料添加500克维生素K_3。

(2) **弧菌病** 眼球凸出，从头到鳃盖出血，或体表发红、糜烂，胸鳍、腹鳍基部出血，或体表出血、掉鳞，背鳍溃疡。预防方法：降低养殖密度，提高饲料质量。治疗方法：聚维酮碘稀释10～20倍全池泼洒，每667米^{2}250克。

(3) 车轮虫病、斜管虫病、聚缩虫病 多发生在中间培育阶段鱼的体表和鳃丝。症状为鱼体消瘦，体色变黑，口端糜烂，一年四季均有发病。预防措施：多采用大量换水，改良水质。治疗方法：可用0.7～1.0毫克/升的硫酸铜及硫酸亚铁合剂（5∶2）全塘均匀泼洒，或用20～25毫升/米^{3}的福尔马林全塘泼洒。寄生虫容易引起继发性细菌感染，所以杀虫后一般要消毒。

(4) 氨氮中毒 高温天气时，水中的氨氮、亚硝酸盐含量高，致使鲈鱼缺氧中毒死亡。主要症状：鱼群全塘狂游不安，上下乱蹿，鳍条充血，鳃丝暗红色。防治方法：立即换水，注水时注意用木板把水挡散，以免直接冲起塘底污物加速鱼的死亡；每667米^{2}施放沸石粉10～15千克，中和水中氨氮；发病前注意用生物制剂预防。

(5) 肝胆综合征 表现为摄食减少，逐步有病鱼在水面慢游并出现不明死亡，解剖可见花肝、绿肝，胆囊肿大。主要原因为药物施放过量，水体中的有毒有害物质慢性积累，长期使用劣质饲料导致。预防措施：调控好水环境，科学投喂，定期使用保肝护胆类中草药和维生素C拌料投喂。

四、天津市北辰区海鲈淡化养殖技术

天津市北辰区名特优淡水养殖基地利用海鲈的广盐性特征，开展海鲈的淡化养殖技术研究。海鲈的淡化从夏花开始，一般淡化期为7～10天。主要技术介绍如下。

1. 夏花淡化

海鲈的淡化从夏花开始，一般淡化期为7～10天。具体作法：从沿海地区购进海鲈夏花后，放入盛有与购苗地区相同盐度海水的水泥池中暂养。待其适应新环境后，每天抽掉一部分池水，然后加入等量的淡水，使其盐度稍有下降，但每天下降范围不得超过4。

在此期间，要不断给池水充氧，同时适量投喂新鲜鱼肉。经7～10天的淡化，池水的盐度在0.5以下后，稳定适应2天，再将夏花鱼苗移入池塘中进行鱼种培育。

2. 鱼种培育

鱼种池选择667米^{2}左右的池塘，水深1.0～1.5米。放养前半个月要进行清塘消毒，注水60厘米，等毒性消失后，每667米^{2}施放发酵粪肥150～300千克，7～8天后鱼苗下塘。夏花下塘密度为10～15尾/米^2。鱼苗入池后每天加高水位10厘米，直至水深1.0～1.5米。下塘后，要通过人工诱食、驯化使其逐渐转食。投饲时先用工具拍打水面，以引起鱼苗的注意，然后慢慢将人工配合饲料均匀泼洒投喂，以保证夏花都能吃饱。待海鲈个体逐渐长大，活动能力增强后，还要逐渐驯化其定点摄食。日投饲量为鱼体重的8%～10%。强化培育期间，因鱼苗放养密度大，所以要特别注意水质调节，防止缺氧和水质变化，及时加注新水。夏花经1个月左右的强化培育，体长可长至9厘米，即可转入成鱼养殖。

3. 成鱼池塘养殖

池塘面积以1 500～5 000米^{2}为宜，池深1.5～2.0米。池底少量淤泥，水源充足，水质清新无污染。池塘清整、消毒、施肥同常规淡水养鱼。每667米^{2}放养9厘米左右鱼种1 000～1 200尾，还可搭配尾重250克左右的鲢、鳙50尾，以调节水质。海鲈性情凶猛，饲料投喂不足时会相互残杀，因此，提供新鲜、适口、充足的饲料是养好海鲈的关键。成鱼养殖以投喂鲜野杂鱼和冰冻海鲜为主，驯化好的鱼种以投喂配合饲料为主。鱼种刚入池时，投饲时全池投喂，以保证所有鱼苗均能摄食到足够的饲料，2～3天后逐步减少投喂点，逐步将鱼种驯化至定点、定时摄食。2 000米^{2}以上的大池塘设投喂点2～3个；每天投喂2～3次，日投饲量为存池鱼体重的6%～12%，随海鲈体重的增加日投饲量逐渐减小，11个月后为3%。投饲采用抛投法，投饲技术归纳为“中间快，两头慢”，开始时慢抛少投，当鱼集群争食时快抛多投，待80%以上的鱼吃饱后应慢抛少投或停止投喂，每次投喂约需30分钟。池塘养殖期间水质要求清新无污染，溶氧量保持4毫克/升以上，透明度30厘米左右，定期用生石灰化水消毒水体，改善水质。高温季节，注意保持较高水位。

五、福建省莆田市咸淡水海鲈养殖技术

随着人工淡化养殖海鲈技术的突破，市场上销售的大多是淡水海鲈，但口感、肉质、风味远不如咸淡水的商品海鲈，市场差价每千克达15元左右。近年来，福建省莆田市涵江区三河口镇许多养殖户利用打咸水井的办法或选择临海的水域建造池塘，进行咸淡水海鲈养殖，取得了较高的经济效益。现将其技术要点介绍如下。

1. 养殖池塘选择与建造

选择有地下咸水源的地方，挖地下咸水井，或选择盐度适宜水域养殖，有海潮到达的咸淡水水域为好。养殖水质要求清新、水源充裕。每口池塘面积以2 001～3 335米^2 为宜，水深2米以上，池塘要设有进、排水涵闸，不重复使用养殖废水，以免造成二次污染。每2 001米^2 水面配备2台0.75千瓦叶轮式增氧机。

2. 苗种培育

（1）网箱设置 在准备好养殖成鱼的池塘一边搭一条投饲的栈桥，于栈桥两旁设置若干个网箱，网箱材料可用14目左右的聚乙烯网片，缝成长3～5米、宽2.0米、深1.5米的规格，用竹竿固定。

（2）做好淡化养殖的准备工作 不管是人工繁殖的鱼苗还是捕捞的天然鱼苗，都生长在较高盐度的海水中，要先检测养殖池塘的盐度，要求供苗者进行多次降咸淡化，在不超出养殖池塘盐度5时才可放养。在淡水池塘育苗，还要在网箱周围用塑料膜围成一个小水体。投苗前适当加盐至接近鱼苗放养前的盐度，让鱼苗投放后有一段适应时间，以提高成活率。

（3）育苗密度 原塘育苗有利于减少过塘所引起鱼种的损伤。用来培育的鱼苗体长为2～3厘米，每平方米网箱放养500尾左右。每口池塘的鱼苗数量可比计划放养的鱼苗多出20%～30%，以备死亡率损耗。

(4) 投饲驯食的方法 以优质配合饲料或鲜鱼糜为主，每次投饲时间不少于半小时，将优质配合饲料或鱼糜均匀地投撒到网箱中，驯化鱼苗抢食，日投喂4～5次，日投饲量为鱼体重的30%左右。以观察到鱼苗大致都能吃饱为好。其具体做法是：观察到鱼苗抢食程度减弱后则停止投喂，以免暴食而引起肠胃疾病。

(5) 及时分级培养 10天后鱼苗大多已长至5厘米，此时应过筛分池培育，减少大鱼吞食小鱼和幼苗抢食不到而出现大小差异的现象。分池培育10天左右，在网箱周围用网片围出100米^{2}的一块小水面。放出网箱中的鱼种再喂养15天，当鱼种达10厘米以上时拆去围网，再进入大塘养殖。鱼苗的中间培育过程要注意网箱的水质和溶氧量。可在网箱中设置增氧气头，要经常刷洗网箱，保持水体流动，交换良好。

3. 饲料

(1) 小杂鱼 要求苗期可打浆投喂；随后应切块投喂。海鲈可吞食相当于其口裂长度1.5倍的鱼肉块。小杂鱼的饲料系数为4～5。

(2) 人工配合饲料 以45%的鱼粉、20%的酵母、20%的豆饼、13%的α-淀粉，加上多维、微量元素等组成人工配合饲料的基本配方，制成软颗粒，颗粒大小随鱼体增大而变化，软性颗粒饲料养殖效率较高，且在防病时可适当增加防病药物。

4. 成鱼养殖管理要点

(1) 清塘、培水 有条件的池塘最好经过干塘清淤和曝晒，尤其是多年养殖的旧塘。在放苗前半个月进行1次清塘，每667米^{2}施放生石灰50千克或使用20克/米^{3}的漂白粉带适量池水消毒。消毒后的池塘经滤网纳入新鲜水，每667米^{2}施放3～5千克“生物肥水王”培育浮游生物，待水质呈微绿色或微褐色时就可投苗。

(2) 投苗密度 每年12月至翌年1月经中间培育的鱼种已达10厘米，每667米^{2}放养2 500尾为好，经300天的养殖每667米^{2}产量可达1 200～1 500千克。此外，每667米^{2}搭配投放100尾鲫和30尾鲢、鳙，以增加养殖效益。

(3) 投饲 投饲做到定时、定点、定质、定量，一般每天喂 2 次，分别在 07：00—09：00 和 16：00—18：00，日投饲量约为鱼体重的 5%。要坚持驯食的习惯，在塘中搭一投饲桥，每次投饲前敲击投饲桥或拨响塘水，使鱼群游来抢食，以利于观察进食和健康状况，并采取应对措施。

(4) 水质管理 海鲈的高密度养殖，保持水质清新和溶解氧充足十分重要，其主要方法：一是勤换水，二是勤增氧，三是科学施放微生物制剂。

5. 病害防治技术

(1) 氨氮中毒 防治方法是立即注入新水、放出老水。注水时用木板把水挡散，以免直接冲起塘底污物加速鱼的死亡；每 667 米^2 施放沸石粉 3～5 千克，中和水中氨氮。

(2) 肠炎病 治疗方法是按每 100 千克鱼糜拌入 500 克“克毒丹”和乳酸菌，连续投喂 5～7 天。

六、山东省荣成市虾池混养海鲈

近几年，海鲈已成为我国北方重要的养殖品种，特别是在虾池中养殖，时间短、见效快，山东省荣成市海洋与渔业局组织专业技术人员正在大面积推广。

1. 准备养殖池

池塘的大小以 1.3～2.0 公顷为宜，水深要求在 2 米左右，池底泥、沙质皆可，池中间最好挖深排水沟，并保证养殖池周围没有污染。利用冬闲时节将虾池表层淤积的黑化层用推土机刮去，让池底在日光下充分曝晒，然后每 667 米^2 用 50～60 千克生石灰清池。

2. 肥池及放养鲈鱼苗

3 月下旬进水，施有机肥，繁殖虾池中的基础饵料。选择规格在 150 克左右，体表无掉鳞、无外伤、对外界刺激反应较灵敏的健康海鲈鱼种放养。这样，经过 3～4 个月的精心喂养，至 9 月可达到 500 克/尾以上，养殖成活率达 95%以上。海鲈鱼种最好于 5 月初放养，每 667 米^2 投放 800～1 000尾。投放前，用浓度为 0.2～

0.3毫克/千克的敌百虫溶液浸洗3～5分钟，去除海鲈体表及鳃上的寄生虫。使用敌百虫要加倍小心，因为海鲈对敌百虫很敏感。

3. 投饲

主要投喂沙钻、冷冻杂鱼虾，并间隔投喂冷冻虾仔，日投饲量以鱼体重的8%～10%为宜，每天投喂2次，分别在早上和傍晚进行。每15～20天测量1次海鲈的体重，并根据体重调整投喂量。投喂的饲料要冲洗干净，防止污染池水，必要时要切成小块，以便海鲈取食。

4. 驯化

对海鲈要进行驯化，使其能统一集群摄食。可在虾池的一处选择一个摄食场所，每天定时在05：00—06：00、17：00—18：00进行投喂，使其形成条件反射。投喂时先投少量饲料，以吸引海鲈取食，待大多数鱼集群取食时再多投，直至有70%～80%的鱼饱食时为止。如此经过20多天的驯化，池养的海鲈就会定点取食。

5. 控制水质

海鲈苗入池前，水位控制在1.0米，然后每天添加5～10厘米的水。5月底开始少量换水，一般每5～7天换水1/3。6月下旬后换水量逐渐加大，每天换水10～15厘米。7月下旬后，每天换水1/4～1/3。同时，经常注意池塘中水色的变化。

6. 防治病害

要在海鲈摄食场所打桩挂药袋、消毒杀虫。不定期地在饲料里掺拌药物，以达到防病的目的，并经常观察，发现病鱼、死鱼，及时诊断，对症下药。

七、山东省沿海鲈鱼网箱养殖技术

近几年，山东省渔业技术推广站也开展了海鲈网箱养殖的技术推广。

1. 苗种采捕与运输

养殖的海鲈苗种主要靠采捕天然苗种，每年5月上旬至6月下旬海鲈出现在沿海浅滩处及淡水入海口，这时即可用围网进行围捕。苗种的规格为体长2.2～4.1厘米，体重0.17～1.25克。运输采用塑料袋成活率较高，在高温季节需加冰块加以降温，运输成活率可达60%以上。

2. 养殖环境

水温对海鲈的生长和存活有较大的影响，1龄幼鱼的生长适温为10～26℃。海鲈对盐度的适应范围较广，从淡水到盐度为33的海水中均可生长，但盐度跨度大时须进行驯化。此外，海鲈对溶氧量要求较高。所以，其养殖区要求水质清新，潮流通畅，避免杂藻丛生的地带，水深5米以上，以避免底质的不良影响。

3. 网箱制作及设置

采用浮动式网箱，其结构由框架、网箱、浮子及固定装置组成。框架采用长方形木质结构，内径20米×4米，由直径10厘米的圆木捆扎而成，每隔4米用相同的材料间隔，最后形成5个4米×4米的四方形框架。采用的浮力装置是直径50厘米、长90厘米的圆柱形聚苯乙烯浮子，用聚乙烯绳将其绑在框架上，5个框架共用14个浮子。网箱的旋转方向为横截面迎流方向。框架用木橛固定，缆绳采用直径2.5厘米的聚乙烯绳，缆绳和水面的夹角为45°，并有一定的松紧余地，以防台风袭击。箱体根据海鲈的不同生长期和个体大小，分别采用鱼种培育网箱（规格为4米×4米×4米，网目尺寸为1～2厘米，为聚乙烯绳编网）和成鱼养成网箱（4米×4米×4米，网目尺寸为3厘米，用聚乙烯线织成的有结网）。

4. 放养与投饲

海鲈的放养密度，在苗种培育期每箱可放5 000～10 000尾，即78～235尾/米^3；养成期1 500～3 000尾，即25～50尾/米^3。饵料以冷冻杂鱼、虾、扇贝边、贻贝肉等为主。将饵料绞碎后，每100千克饵料添加多维200克和胆碱30～80克。

投饲量依海鲈的发育阶段、水温的高低、鱼体的大小、鱼的摄食情况及海况变化进行适当调整。日投饲量：当年的海鲈为其体重的10%～20%，1龄鱼为7%～15%。一般每天投喂2次。海鲈的生长和水温关系密切，4—10月，水温为10.0～26.5℃时为生长适温期；6—10 月，水温为 16～20℃时为快速生长期，平均日增重达 1.86 克/尾；8 月中旬至 10 月上旬，水温达 22.0～26.5℃时达到快速生长高峰，平均日增重 3 克/尾；11 月下旬至 12 月、4—5 月生长缓慢；1—3 月，水温在 4℃以下时停止摄食。因此，应充分抓住生长适温期的有利时机，强化管理。这样，当年苗种体重可达 250 克；翌年达 500 克时即可上市出售。

5. 日常管理

苗种放入网箱后，要经常注意鱼群的摄食和活动情况，海鲈喜欢在水面上抢食，饵料下沉后便不再摄食，沉下的残饵易败坏水质。因此，在投喂时须耐心细致。盛夏高温期，海中杂藻易阻塞网眼，须经常清理或换网，以保证水流畅通。此外，对死亡的海鲈要及时清除，还要注意海鲈的寄生虫病、白点病、类结节症、腹水症及水霉病的防治。

培育海鲈苗种的池塘，面积以 667～1 334米^2 为好，应进水、排水方便，水源良好，水深 1 米左右。在鱼苗下塘前 10 天，用生石灰50～75 千克干法清塘，清塘后施肥，促进浮游生物生长。3 厘米以下的海鲈鱼苗的食物是浮游动物，刚经淡化、驯养的鱼苗，初期摄食池塘中的水蚤等生物，也可投喂水丝蚓、鱼肉浆等，之后再用配合饲料与鱼浆混合投喂，每天投喂 2～3 次。饲育期间要经常仔细观察水质、鱼苗动态以决定投喂量，一般以吃完当天投入的饲料为度（为鱼体重的 5%～10%），以防投量过多而败坏水质。放养密度视苗种大小而定，刚出膜仔鱼的放养 60 万～150 万尾/公顷。

海鲈寻找食物主要依靠视觉，所以在投饲时应尽量引起鱼群注意。鱼苗能适应投掷或高抛入池的饲料，一旦饲料入池下沉池底，通常是不会再被摄食的。饲养一段时间后，由于鱼苗成长的速度差异极大，饲料不足时，大鱼会吃小鱼，所以应每隔 15～20 天拉网起捕 1 次，进行分级培育。在投饲中要十分注意，应按时分散投足，吃得均匀才能生长得均匀。

培育鱼苗期间还应注意，有时由于饲料残渣腐败分解及日光照射，易发生水绵等藻类大量繁殖。水绵大量产生时鱼苗常被缠住而死亡，或夜间消耗氧气过多，使鱼苗因缺氧而死亡。对此，可以用遮光或换水的办法使水绵减少，但要防止池塘发生缺氧。

八、河北省唐山市丰南区河蟹鲈鱼混养技术

近年来，池塘养殖河蟹进入微利时期，唐山市丰南区滨海镇渔民大胆尝试，进行河蟹、鲈鱼套养，取得了成功。平均每 667 米^2 产成蟹 100 千克，规格为 100 克/只，海鲈 30 千克，规格为 1 千克/尾。平均每 667 米^2 产值2 500元、效益约1 000元。每 667 米^2 增加效益 300～400 元。这种高效养殖模式充分利用水体空间，形成了鱼、蟹共存，互惠互利的复合生态系统，发病率降低，极大地提高了商品蟹的上市质量。下面将技术要点总结如下。

1. 池塘清整

池塘经曝晒后，每 667 米^2 用生石灰 80 千克清塘消毒，杀死敌害生物和病原，蟹苗放养前 7 天，进水 0.5 米左右，每 667 米^2 施鸡粪 60 千克，培育浮游生物饵料，使水色呈黄绿色，透明度为 30 厘米，并种植部分水草以供河蟹栖息。

2. 苗种放养

5 月中旬，每 667 米^2 放养扣蟹1 000只，规格为 160～200 只/千克，蟹苗要求体质健壮，肢体齐全，无寄生虫，无病害。

6 月下旬，每 667 米^2 投放经淡化的海鲈鱼苗 30 尾，规格为 2.5～3.0 厘米，要求海鲈鱼苗规格整齐，行动敏捷，体色正常，无寄生虫等病害。

海鲈生性较凶猛，鱼、蟹混养应注意控制好放苗的时间差，等蟹苗长到 60～80 只/千克时，把海鲈鱼苗下塘，可避免扣蟹遭伤害。同时，应尽量投放大规格蟹苗。

3. 饲养管理

(1) 饲料投喂 河蟹投喂坚持“荤素搭配，青精结合”的原则，海鲈鱼苗下塘前，投喂扣蟹以动物性饲料为主，尽快使扣蟹长到 60～80 只/千克。在整个养殖过程中，河蟹全价配合饲料的投喂

比例约占投喂量的30%。要根据河蟹生长、摄食及天气等情况灵活掌握投喂量。在饲料中定期添加蜕壳素，以防发生蜕壳不遂症。海鲈投喂全价鱼颗粒饲料，坚持“四定”原则。

(2) 水质调控 河蟹喜清新的水质环境，透明度控制在35厘米，进入高温季节，每天加水10厘米，直到最高水位，并用EM生物制剂全池泼洒1～2次，以改善水体环境。

(3) 病害防治 每个月适量泼洒生石灰、磷酸二氢钙以改良水质。每667米^{2}用量为10千克。海鲈属肉食性鱼类，鱼、蟹套养可以吃掉多余的小杂鱼、虾。使水质保持清爽，极大地减少了病害的发生。

(4) 巡塘 每天观察水色、防逃设施、吃食及蜕壳情况，以便随时采取应对措施。

九、山东沿海海鲈池塘养殖技术

1. 池塘建造

池塘面积3 335～5 336米^2，长方形，南北走向较好。要求池底平坦，沙泥底质，池岸牢固，池深2米。池底埋设进、排水管道，配备增氧机。放养前对池塘清淤消毒。施肥培养基础饵料生物，使池水呈油绿色或茶褐色。

2. 苗种培育

从海区捕捞的海鲈鱼苗（体长1.5～2.0厘米），经过淡化至盐度为4～7后投入暂养池（盐度为1）。暂养池放养密度控制在每667米^{2}1万～2万尾，经常对池塘冲水增氧。下池翌日开始投喂浮游动物、红虫等鲜活饵料，以后逐渐用鱼浆、浮性颗粒配合饲料与鲜活饵料混合投喂，驯化至可投喂鱼糜、浮性颗粒饲料为止。日投饲量为在池鱼体重的15%，分3次投喂。在开始投饲前3天，每50千克鱼用土霉素3克、维生素C 1克，拌入饲料每天投喂1次，连喂3次。经过20多天，鱼苗长至4～6厘米时分入大池饲养。

3. 饲养管理

将海鲈过筛后按大小分池饲养，放养密度为每 667 米^2 2 500～3 500尾，保持水深在 1.5 米以上，池水肥度适宜，透明度 30 厘米，呈油绿色。每天投饲 2 次，主要饲料为鱼糜和浮性颗粒饲料，饲料中添加维生素 B、维生素 C，日投饲量为在池鱼体重的 60%。每个月用土霉素、维生素等拌饲料投喂 2 次，每次连喂 3 天。每天巡塘，在夜间或天气闷热、气压低时开机增氧，及时换水，保持池水清新。

4. 疾病防治

海鲈在人工高密度养殖条件下容易发病，必须加强病害预防，定期对养殖池塘、食台进行药物消毒，发现疾病及早治疗。重点防治肠炎病、烂鳃病、出血病、水霉病和寄生虫病。

第十五章 海鲈上市和营销

第一节 捕捞上市

一、捕捞

海鲈养殖10个月后，体重0.5～0.6千克的海鲈商品标鱼占整个养殖群体的35%以上，可考虑以“捕大留小”的方式捕捞上市。网箱养殖的商品鱼捕捞操作方便，直接拉网选择即可。池塘养殖的海鲈捕捞采用刮网方法，网衣以尼龙无结网为好，网目尺寸以不卡伤鱼为宜，一般为1.0～2.5厘米。海鲈属于凶猛的肉食性鱼类，因个体生长差异较大以及抢食导致摄食不均匀的原因，养殖海鲈的个体大小差异明显。通过“捕大留小”的方式，分疏养殖密度，稍微弱小的个体摄食机会大大增加，分疏养殖后利于提高养殖单产。在海鲈高密度养殖池塘中，根据销售市场需求量及池塘海鲈的估算产量，适时、定量收获可有效提高养殖单产。如收获活鱼，方法是在池塘1/2～1/3处下网、刮网，收网时，操作谨慎，速度快，抓鱼时抓住鱼的胸鳍基部，不离水捕捞，收获商品鱼。操作时，尽量保持溶解氧充足，可在网的附近启动增氧机，以不损伤不上市的海鲈为宜。

二、暂养

当前，海鲈商品鱼销售以冰鲜鱼为主、活鱼销售为辅。由于海鲈凶猛，胸棘、背棘尖利及耗氧量高等原因，活鱼运输技术模式尚待进一步探讨。

三、运输

海鲈商品鱼运输有冰鲜鱼运输和活鱼运输两种方法。

冰鲜鱼运输的方法是将刚收获的新鲜鱼装入泡沫箱,采用一层鱼一层碎冰的方式装箱,保持鱼的鲜度。鱼与碎冰比例为(3～4)∶1。

活鱼运输的方法是提前1～2天停料，捕捞方式见前文所述，将活鱼不离水装入活水运输车中。常见的活水运输车内安装6～8个1吨的纤维四方桶，配置过滤系统，预先装满干净过滤水，水温调节至20～22℃，每桶装活鱼250～400千克，视运输距离及条件情况而定。

四、均衡上市

由于海鲈苗种生产季节集中在12月至翌年3月，每年的11月至翌年1月为上市高峰阶段，市场供求压力大，价格不稳定，时高时低，整体养殖效益不明显，一定程度上抑制了养殖户的养殖积极性。有效利用海鲈生长特点及生物学特性，通过调整、优化养殖结构，确保海鲈产品的持续供给，对维持海鲈产品价格有重要意义。下面介绍几种海鲈池塘高密度养殖结构调整的方式。

1. 优化放养结构

以每口3 335米^2 共2口6 670米^2 海鲈养殖池塘为例，按养殖面积调整放养结构，建立50∶50放养方式，方法是按生产计划放养10万尾海鲈，每口放养5万尾，调整为一口池塘放养鱼苗2.5万尾，一口池塘放养鱼苗7.5万尾。放养密度小的池塘，生长速度较快，商品鱼可提前1～2个月上市，上市后，池塘重新进水，将密度大的池塘分疏50%放养于空的池塘。分疏后，以2口池塘为宜，生长速度快,不会影响年计划产量,也能保证养殖资金回收及提高养殖产量。

2. 调整投喂结构

以每口3 335米^2 共2口6 670米^2 海鲈养殖池塘为例，以海鲈生长摄食特点，建立70∶30投喂方式，方法是按生产计划前期正常投喂，保证鱼苗期的营养，海鲈生长至100～150克后，适当调整饲料的投喂结构，一口池塘按饱食量投喂，即达到俗称的“七八分饱”，另一口海鲈池塘控制投喂量，占正常投喂量的30%～40%，一定程度上可抑制海鲈的生长速度。商品鱼错峰上市，对保障产品价格有一定的作用。

3. 大规格商品鱼养殖

随着生活水平提高，大规格（2.5千克/尾）商品海鲈的价格较好，而规格为0.8～1.5千克的商品鱼价格较低，如2013年、2014年，仅为13～14元/千克，一些有经济实力的养殖企业或个人，可将规格为0.8～1.5千克进行继续养殖至大规格后销售，有利于提高海鲈的商品价值。

第二节　市场营销

一、信息的收集和利用

推进海鲈产业化发展，需要政府搭建公共服务平台，出台相关扶持政策，落实专项引导扶持资金，为产业发展提供一个良好的政策环境。养殖产品供求关系直接影响市场价格，养殖面积、苗种放养量、养殖产量、市场价格等影响当年的海鲈产品价格，应重点解决信息网络建设，建立电子商务交易平台，进一步拓宽产品流通渠道。制定加工流通企业优惠政策，鼓励企业创新流通模式，扶持企业加工研发，组织企业开展品牌推广营销，拓展海鲈销售市场。

二、产品的市场营销

委托专业策划公司，制定系统策划方案，开展海鲈产品的宣传推广与营销策划。通过规范包装设计，统一品牌形象，印制宣传画册，邀请媒体采访报道等，开展产品推介活动。组织企业参加全国甚至国际渔业展览会，在国内主要水产品交易市场或集散地设立海鲈公共广告，以优质、营养、健康为主题，宣传海鲈产品，提升养殖企业和海鲈产品的形象和影响力。

三、开发加工产品以及市场拓展

利用海鲈的品牌优势及产量优势、产地集中等优势，组织流通企业积极开拓国内海鲜消费市场，创新企业营销模式，鼓励扶持有实力的流通企业、农业合作社、行业协会等组织机构，以“公司＋基地＋专营”的模式，到国内大、中城市设立海鲈专营店，开展促销活动；在当地各大农贸市场、旅游景点、酒店、车站、码头、超市等窗口设立海鲈展示展销专栏，鼓励加工流通企业组织海鲈产品出口，开拓国际市场，推进信息网络建设，建立水产品（海鲈）电子商务交易平台，进一步拓宽产品流通渠道。

四、产品经营实例

（一）珠海市阳生合作社海鲈养殖、经营销售

珠海市阳生合作社利用珠海市斗门区养殖海鲈单产高、产品集中、价格低等特点，收购海鲈，将海鲈转运至咸淡水（盐度为5～13）网箱进行养殖，待鱼稳定，正常摄食15～20天后，再将咸淡水网箱养殖的海鲈通过活水运输船转运至海水网箱进行养殖。根据市场需求，养殖出售各种规格的商品鱼。通过这一模式，可解决池塘养殖海鲈品质较差的问题，使海鲈的肉味鲜美，肉质结实，接近野生海鲈的品质，大大提高了海鲈的售价。活鱼产品销售韩国、日本等地。

（二）珠海市之山水产发展有限公司“一夜坛海鲈”产品加工

选择无公害海鲈商品鱼，规格为0.8～1.5千克，制成“一夜坛海鲈”产品，制作工艺如下：新鲜商品鱼规格选择→去除鱼鳞→清洗→去片→清除内脏→清洗→装坛，加食盐10％～15％→压水5小时后取出→清洗→风干（有防蚊、蝇设施）10～15小时→修剪→真空包装→冷藏保存→制成含水率为30％～50％的“一夜坛海鲈”产品。此法制作的海鲈肉味鲜美，适合家庭食用。

第三节 与海鲈相关的优秀企业

1. 珠海市之山水产发展有限公司

该公司成立于2004年3月，注册资本100万元，固定资产

634 万元，现有员工 120 人，主要经营各类水产品的养殖、收购、加工、销售及国际船舶运输，是集养殖、贸易、运输于一体的进、出口企业。

该公司以“公司＋基地＋农户”为经营模式，在广东省珠海市白藤湖建立了淡水—海水转化无公害养殖基地，面积333.33公顷，养殖网箱3 000个，成功地把淡水养殖鲈鱼咸化为海水养殖鲈鱼，并向国家知识产权局申请发明专利，在当地发挥了农业龙头企业的带动作用。主要产品有鲈鱼、美国红鱼、真鲷、黑鲷、鰤、石斑鱼、白鲳、大黄鱼、鳗鲡等 10 多个品种。该公司带动农户2 625户，拥有“粤潮 5”和“骏轮”2 艘 500 吨级国际近洋活水产品运输船，在日本、韩国及我国台湾省、香港、青岛、秦皇岛等10 多个地区设有营销网点，并在境外设立“韩国之山水产公司”，有效地拓展了国内、外市场。

2. 珠海市斗门区海源水产贸易有限公司

该公司成立于 2000 年 11 月，位于珠海市斗门区白蕉镇灯一村，占地面积40 000米^2。是一家集花卉种植，水产品养殖、收购、加工、销售，制冰，冷藏冷冻，水产种苗孵化，冰鲜鱼饵料交易及渔船停泊码头经营、水产品交易市场于一体的农业综合性企业。

该公司先后发起成立了珠海市斗门区白蕉镇海源水产养殖协会、珠海市斗门区海源鲈鱼产销专业合作社及珠海市斗门区正华花卉产销专业合作社。海源水产养殖协会实施“农业龙头企业＋协会＋农户＋基地＋保护价”的产业模式，两合作社分别有成员 78 户和 25 户，成员绝大部分为当地的农户，为其建立了属于自己的经济合作组织。

2005 年开始该公司开始创办鲈鱼无公害水产标准化养殖示范基地，规模已达到333.33公顷，辐射养殖面积超过1 000公顷，该基地获得无公害农产品产地认证证书，其养殖的海鲈获得国家颁发的无公害农产品认证证书。2005 年该公司承担建设“国家级白蕉海鲈无公害农业标准化示范区”，2008 年已通过验收。现已启动由中共珠海市委组织部等 7 个部门联合发文的珠海市农产品标准化示范工程。

2007 年该公司投入了 200 多万元，建立种苗场，成功孵化出海鲈、尖吻鲈、笋壳鱼等优质鱼苗，从而结束珠海市海鲈种苗全部需要从外地引进的尴尬局面，保障了珠海市水产种苗供应，提高了珠海种苗孵化水平。

3. 珠海市进才水产养殖专业合作社

珠海市进才水产养殖专业合作社，于 2013 年 11 月 5 日在珠海市农业局的大力支持下成立，位于珠海市斗门区白蕉镇昭信村。该合作社主要养殖品种为：鲈鱼、草鱼、斑点叉尾鮰，养殖总面积为 78.67公顷。该合作社的年总产量为 400 万多吨，总产值约8 000万元，是一家水产品养殖、收购、销售，制冰，冷藏冷冻，水产品交易市场于一体的农业综合性企业，形成了以“公司＋合作社＋基地＋农户”的模式。

该合作社成立之前，养殖户分散，个体养殖存在规模小、技术缺乏、管理混乱、销售渠道匮乏等问题，导致养殖户的产品竞争力差、养殖收益低。为了确保水产品价格和质量的竞争优势，只有走专业化、产业化、规模化的无公害养殖模式，保证社员的养殖收入。该合作社成立后，实行“六个统一”的运作模式，即：统一种苗、统一饲料、统一药品、统一技术、统一销售、统一商标。该合作社成员有 40 户，成员都为当地的农户，为其建立了属于自己的经济合作组织。

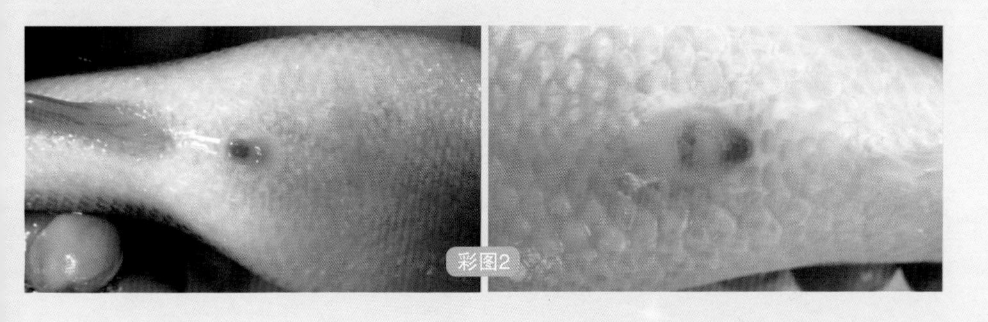

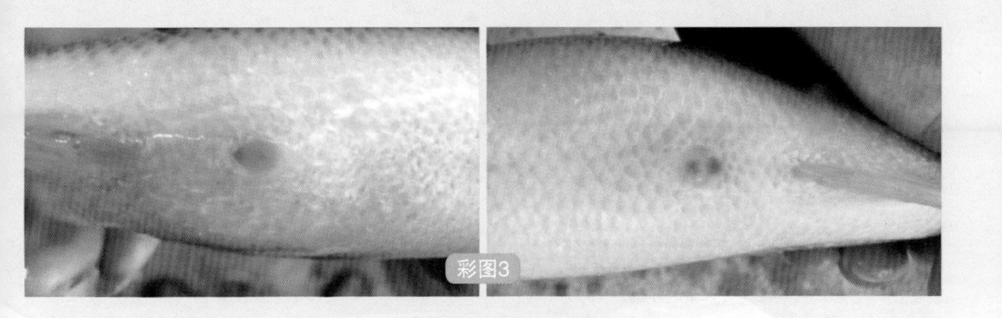

彩图1　加州鲈外形

彩图2　加州鲈雌鱼

彩图3　加州鲈雄鱼

彩图4　加州鲈人工催产
彩图5　棕榈皮鱼巢
彩图6　尼龙窗纱鱼巢
彩图7　加州鲈孵化池

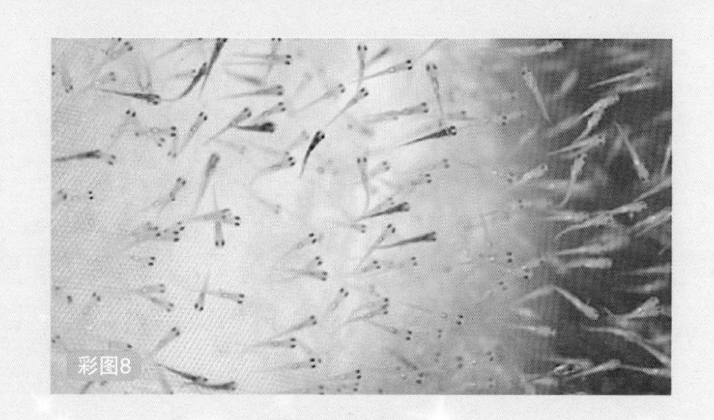

彩图8

彩图9

彩图10

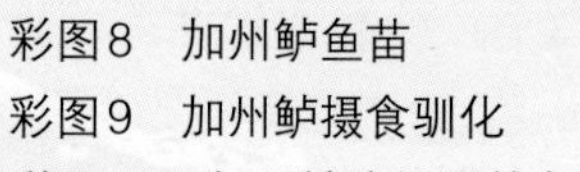

彩图8　加州鲈鱼苗

彩图9　加州鲈摄食驯化

彩图10　加州鲈分级用的鱼筛

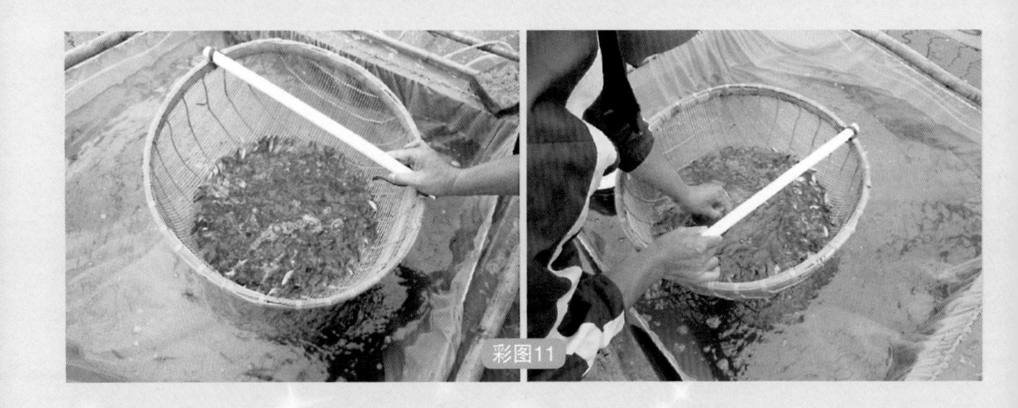

彩图11　苗种分筛

彩图12　加州鲈池塘连片养殖区

彩图13　苏州市顾扇村的加州鲈养殖网箱

彩图 14　加州鲈烂鳃病
彩图 15　加州鲈白皮病
彩图 16　加州鲈诺卡菌病

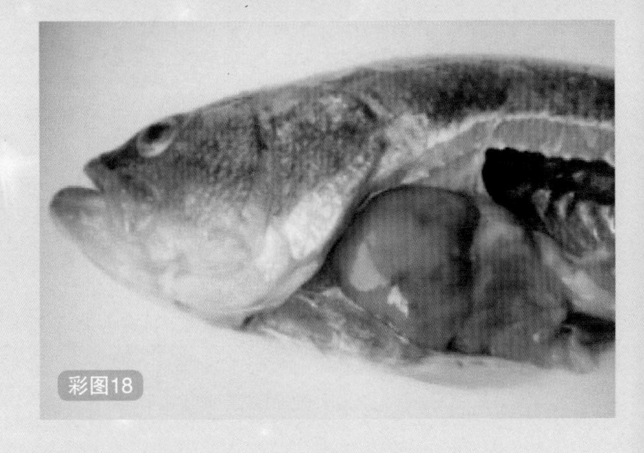

彩图 17　加州鲈病毒性溃疡病
彩图 18　加州鲈脾肾坏死病
彩图 19　加州鲈弹状病毒病

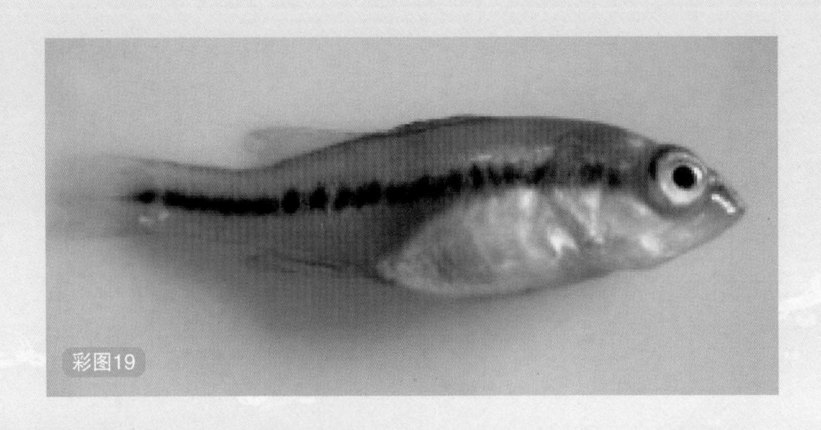

彩图20　寄生于加州鲈的车轮虫
彩图21　寄生于加州鲈的杯体虫
彩图22　寄生于加州鲈的斜管虫
彩图23　佛山加州鲈高密度深水池塘精养模式

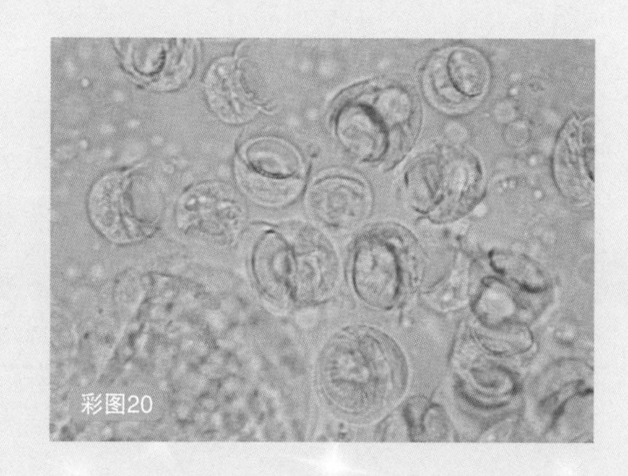
彩图20

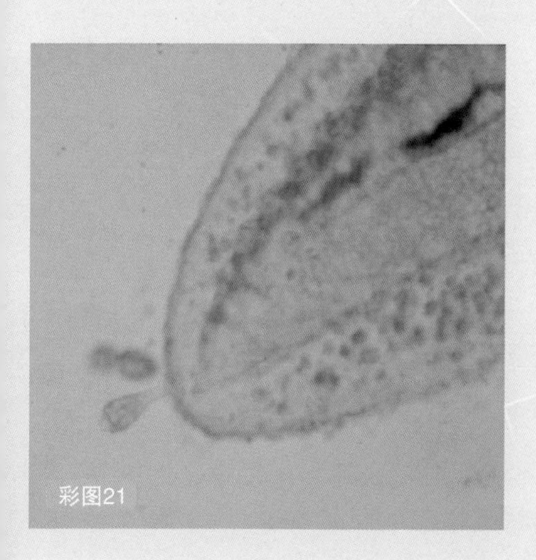
彩图21

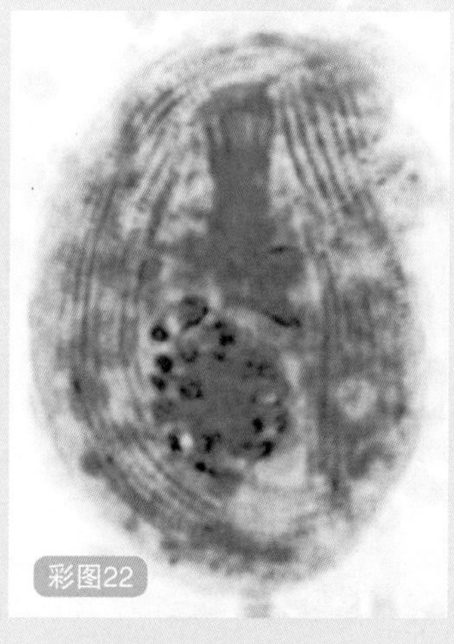
彩图22

彩图23

彩图24　苏州加州鲈池塘养殖模式

彩图25　鄱阳湖区加州鲈网箱生态养殖模式

彩图26　加州鲈商品鱼长途运输汽车

彩图27

彩图28

彩图29

彩图27　梭鲈外形
彩图28　梭鲈苗种培育水泥池
彩图29　修整池塘
彩图30　生石灰干法清塘

彩图30

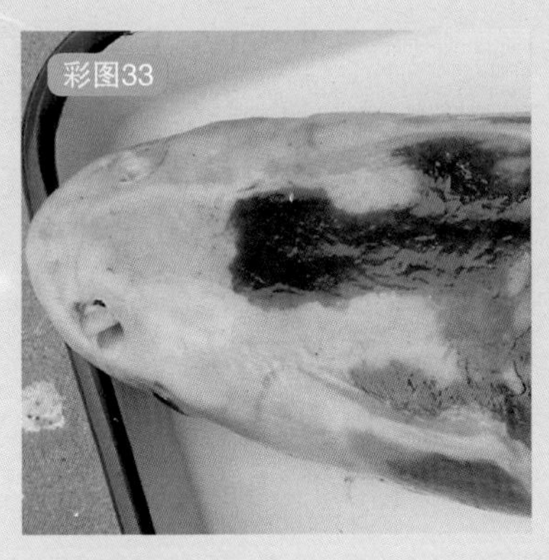

彩图31　梭鲈成鱼养殖池塘
彩图32　梭鲈细菌性烂鳃病
彩图33　梭鲈白皮病（头部变白）
彩图34　梭鲈肠炎病

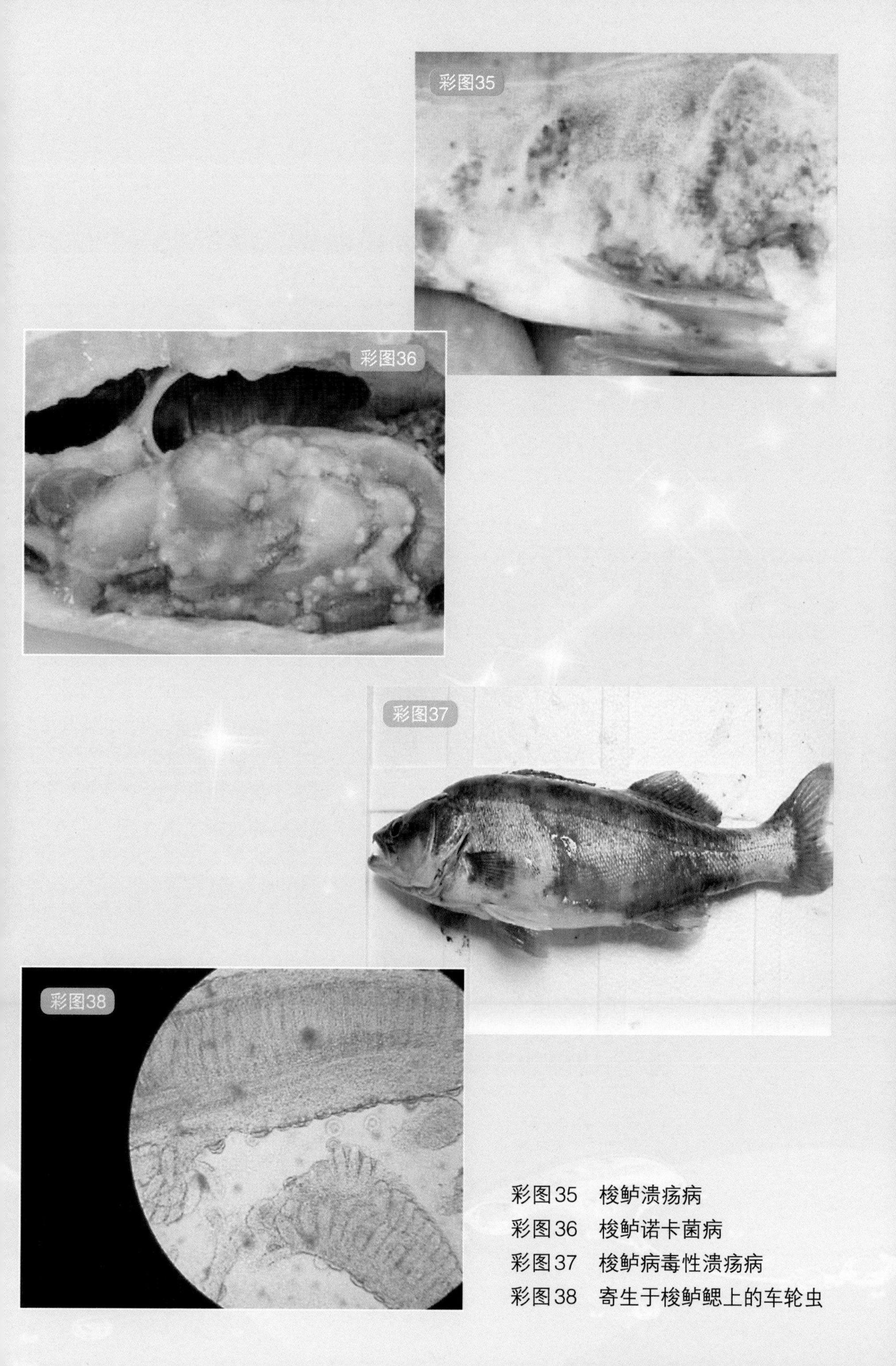

彩图35　梭鲈溃疡病
彩图36　梭鲈诺卡菌病
彩图37　梭鲈病毒性溃疡病
彩图38　寄生于梭鲈鳃上的车轮虫

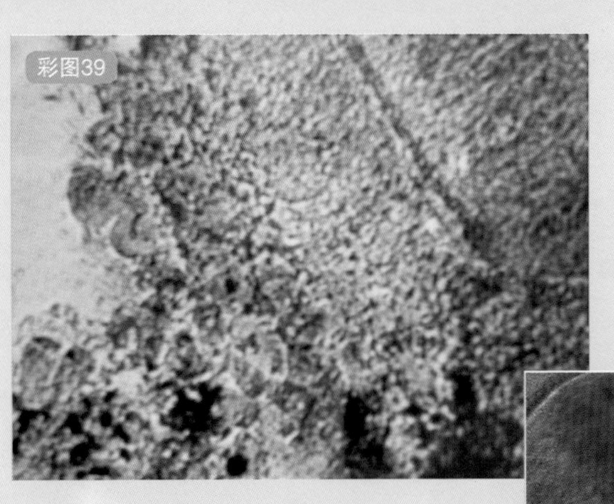

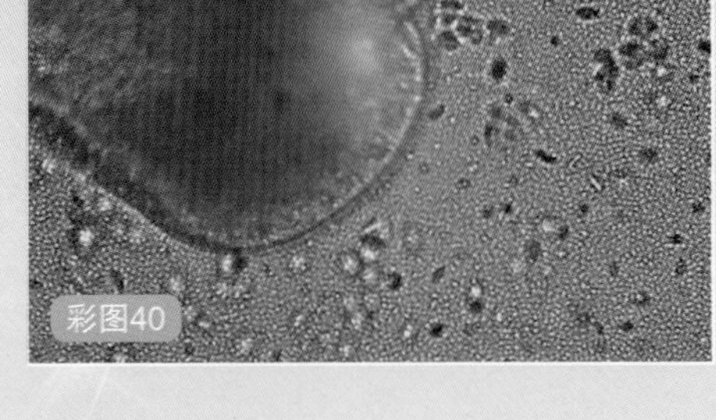

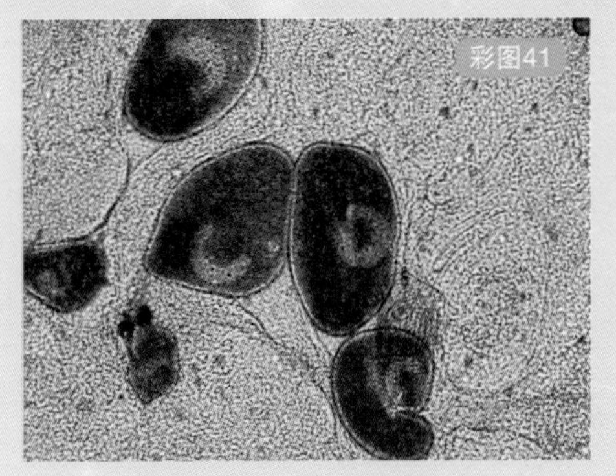

彩图39　寄生于梭鲈的杯体虫（引自陈毕生）
彩图40　寄生于梭鲈的斜管虫
彩图41　寄生于梭鲈的小瓜虫
彩图42　梭鲈混养池塘

彩图43　梭鲈精养池塘(附水处理设施)
彩图44　梭鲈微流水养殖
彩图45　收获养成的梭鲈
彩图46　广东省阳山县利阳水产科技有限公司梭鲈养殖池塘

彩图47 广东省佛山市顺德区龙江镇左滩棱鲈繁殖基地养成的棱鲈

彩图48 海鲈外形

彩图49 高密度海鲈养殖池塘外景

彩图50 高密度海鲈精养池塘配置多台增氧机

彩图51　海鲈病毒性出血性败血症
彩图52　海鲈细菌性肠炎病
彩图53　鱼屈挠杆菌病
彩图54　海鲈出血病
彩图55　寄生于海鲈的刺激隐核虫
（仿Nigrelli et al）

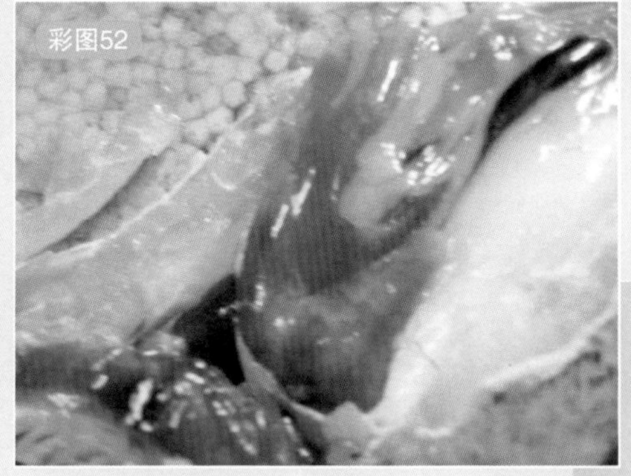

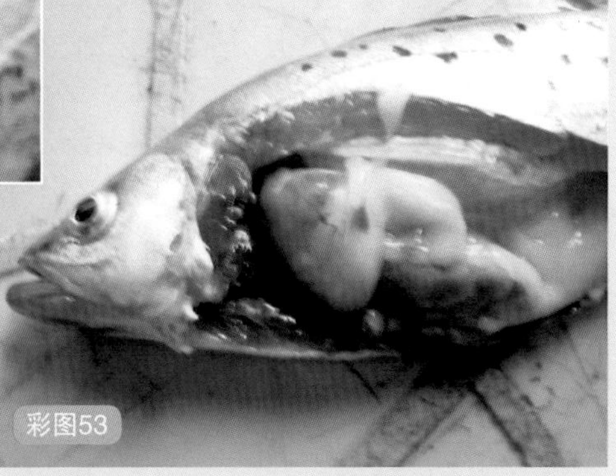

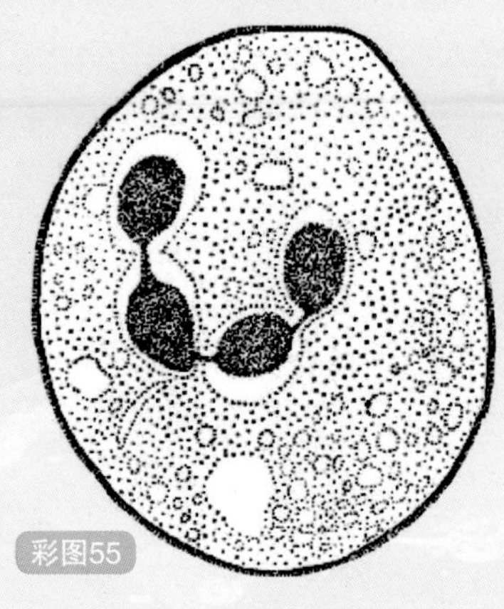

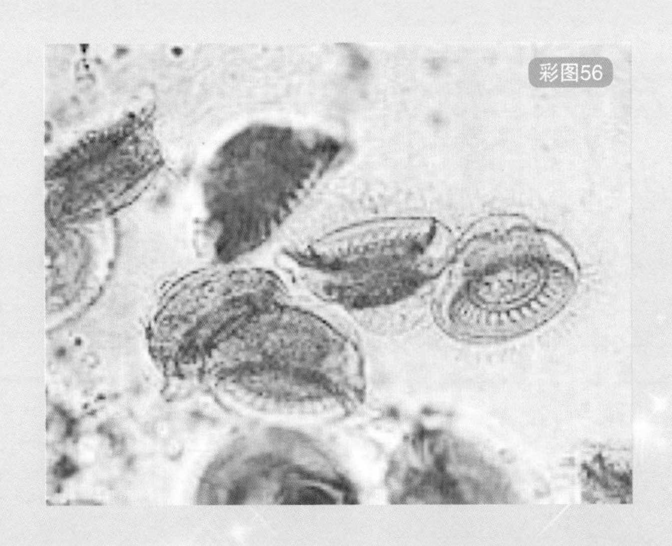

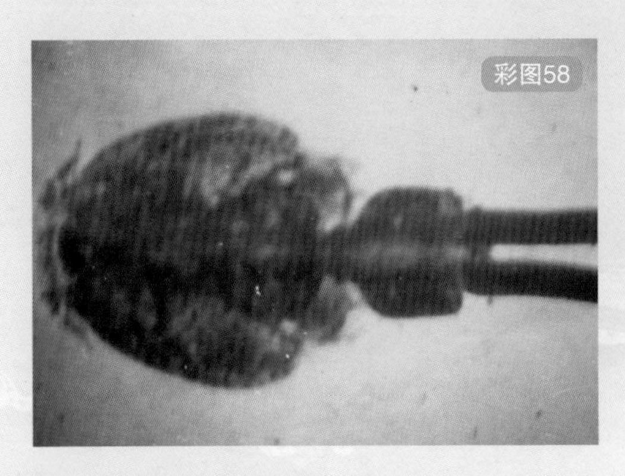

彩图56　寄生于海鲈的车轮虫
彩图57　寄生于海鲈的指环虫
彩图58　寄生于海鲈的鱼虱